武汉市科学技术协会百万市民学科学——江城科普资助项目

食用莲栽培与莲文化

SHIYONGLIAN ZAIPEI YU LIAN WENHUA

刘义满　主编

中国农业出版社
北　京

编　委　会

主　　编　刘义满

副 主 编　魏玉翔　钟　兰　乐有章

编写人员　刘义满　魏玉翔　钟　兰　乐有章

李明华　黄来春　王　燕　李双梅

戢小梅　李长林　方林川　李秀丽

王爱新　许　林　徐冬云　周　琰

郭红喜　章雅玙　杨泽冰

编写说明

1. 本书中的"莲"指"文化莲"，即莲文化实践活动中所涉及植物。书中主要介绍了植物分类学中莲（*Nelumbo nucifera* Gaertn.）、菜用睡莲（*Nymphaea* spp.）及芡实（*Euryale ferox* Salisb.）等具有食用价值、且在我国有规模化种植的"文化莲"的栽培技术问题，以及莲文化相关内容，目的是促进"莲"产业技术与文化的融合发展。

2. 本书以栽培实践中的技术问题为主线，进行内容结构设计。对莲、菜用睡莲及芡实的植物学特征、环境要求及生长发育特性等基础性内容未作介绍。相关基础理论知识、最新科研成果及田间操作技术，则根据内容需要融入相应章节之中，力求基于相关理论和最新研究成果，对栽培实践中的技术问题给予解释和优化。

3. 本书内容主要面向生产一线的农民和技术推广人员，亦可供相关科技人员和大专院校师生参考。

4. 本书引用了大量科技文章和专著内容，以及生产一线人员提供的资料，虽曾在作者的《水生蔬菜答农民问》系列文章中详细标注，但限于篇幅，未能在本书参考文献中一一列出，在此深表歉意，同时也对被引用文章和专著作者以及资料提供者深表谢意。

5. 特别感谢武汉市科学技术协会在本书的编写和出版过程中给予的资助，以及武汉农学会秘书长熊恒多同志对本书编写给予的指导和支持！

6. 编者深感能力有限，书中错误之处一定不少，恳祈各位读者提出宝贵意见。意见反馈邮箱：Liuyiman63@163. com。

目 录

第一章 莲栽培

我国通常根据产品器官的不同，将莲（*Nelumbo nucifera* Gaertn.）分为藕莲、籽莲和花莲。其中，藕莲简称藕，别名莲藕、菜藕、荷藕、莲菜等，开花较少，以采收膨大的地下根状茎为主，是主要的水生蔬菜，我国栽培面积约为 40 万公顷；籽莲开花较多，结籽率高，以采收莲籽为主，我国栽培面积为 6 万～7 万公顷；花莲以观花为主，是一类重要的水生花卉。莲藕和籽莲均为重要的水生蔬菜，栽培利用历史悠久，是我国人民喜爱的传统、特色和优势蔬菜食品，也是重要出口产品，南北各地均有栽培，以长江流域和珠江流域栽培较多，近年来，在黄淮流域也有较大面积栽培。在湖北、湖南等地还大量采收莲藕和籽莲的幼嫩地下莲鞭（俗称藕带）作为蔬菜供应，亦深受市场欢迎。

第一节 莲藕（藕莲）栽培

一、莲藕种植概况

1. 莲藕分布 了解莲藕分布地区和莲藕生产种植地区，对于开辟新的莲藕种植区具有很好的参考。

（1）莲藕是世界上一种适应性非常强、分布非常广的植物 莲主要分布在亚洲的中国、泰国、印度、斯里兰卡、缅甸、越南、印度尼西亚、马来西亚、菲律宾、日本、韩国、朝鲜、巴基斯坦、伊朗、阿塞拜疆等国家或地区，以及俄罗斯的伏尔加河三角洲流域和西伯利亚地区。澳大利亚、新西兰及美国、巴西、圭亚那等地区亦有引进种植。非洲的毛里求斯也有引进种植。近些年，有人将藕莲和籽莲引种到非洲大陆的南非等国家栽培，获得成功。莲引种分布的最北端为北纬52°。

（2）我国是世界上莲藕最主要的生产国　自然野生的莲，俗称野生莲；人工选育栽培的莲称为栽培莲，俗称家莲（藕）。生产种植莲藕的国家有中国、日本、韩国、越南、泰国、印度及澳大利亚等，但中国的莲藕产量占有绝对优势，约占全世界产量的98%。

我国北到黑龙江、内蒙古，东到浙江、江苏、山东、辽宁，南到海南、台湾，西到云南、西藏、新疆都有莲的自然分布或人工种植。但是，并不是所有省份都从事莲藕生产种植，如黑龙江、吉林、内蒙古等地分布的莲，要么是野生的，要么是观赏栽培的。

我国具有一定规模莲藕生产种植的省份主要分布在长江流域、珠江流域及黄淮流域。具有较大生产种植规模（指50公顷以上连片面积）的地区包括湖北、江苏、浙江、湖南、安徽、江西、福建、四川、重庆、广东、广西、云南、贵州、山东、河南、河北、陕西、北京、天津及山西等，小规模零星种植（1～50公顷）的地区有辽宁、宁夏、甘肃、新疆及海南。西藏下察隅曾经也有小面积的莲藕种植。

2. 莲藕种植对田块的基本要求

（1）地势平坦，简称“地平”　种藕的田块，要保水，要灌溉均匀，地势平坦是首要条件。

（2）泥层疏松，简称“泥活”　泥层指耕作层，对于藕田就是淤泥层。种植莲藕的田块，泥层一般需要30～50厘米深，不宜浅于20～30厘米。要做到泥层疏松，没有捷径，只有耕耙，多耕多耙。一般老鱼塘和湖塘的淤泥层都较深厚疏松，不需耕耙，非常适宜种藕。

（3）土壤肥沃，简称“土肥”　俗话说，“庄稼一枝花，全靠肥当家”，莲藕也是如此。土壤肥沃取决于三方面，即养分种类、养分含量及土壤结构。养分种类包括有机质和矿质元素，理论上一般分为大量元素和微量元素。莲藕所需养分主要来自土壤自有含量和人工施入含量。

（4）田园清洁，主要指杂草要清除干净，简称“草净”　田园清洁，指田间不能有土块石砾、塑料、作物残茬和杂草等，一般主要指杂草。莲对很多除草剂敏感，生长期间使用除草剂容易出现危害。要做到“草净”，事半功倍的办法是在种藕前的整地过程中或莲藕萌发出土前做好田园清洁，重点清除杂草。

（5）水源充足，简称“水足”　水源充足，不仅要做到有水，而且要排灌便利。莲藕是水生植物，需水量大。俗话说，“收多收少在于肥，有收无收在于水”，这一点在莲藕上体现的非常典型。一般藕田，立叶长出来后，遇到田间积水，只要水深未淹没立叶，植株不会被淹死，就没有必要排水。多数情况下，只需灌水，任由蒸腾、蒸发及渗漏自然降低水位。常规条件下，保持 10～20 厘米水深即可。不过，长期深水，荷梗也要长得长一些，消耗养分也多，对产量有影响。

3. 保障莲藕产品高产优质的原则

（1）优良品种，简称“良种”　优良品种的确定原则大致包括优质、高产、抗病、产品适合目标市场消费习惯等方面。有时莲藕产区与目标市场不是一致的。譬如湖北省种植的莲藕多数是销往外地市场，因而种植者在选择品种时，往往首先考虑的是目标市场需求。

实际上，莲藕可供选择的品种不多，目前，产区应用的品种包括鄂莲 5 号（37-35）、鄂莲 6 号（03-12）、鄂莲 7 号（珍珠藕）、鄂莲 8 号（03-13）、鄂莲 9 号（巨无霸）及鄂莲 10 号（赛珍珠）等，以及几个新育成品种。

选择品种时应注意以下几方面：

①不同生态环境产区。一般来讲，鄂莲 5 号、鄂莲 7 号、鄂莲

9 号及鄂莲 10 号适应范围较广，在黄淮流域、长江流域及珠江流域均能适应；鄂莲 6 号和鄂莲 8 号适应长江流域和珠江流域，其中鄂莲 6 号种植区可以偏北一点，但不宜超过西安-郑州-连云港一线以北。

②不同市场需求。主要是对质地的需求，即消费习惯。就是通常说的“粉”（北方叫“面”）和“脆”的区分。老熟藕质地比较粉的品种有鄂莲 5 号、鄂莲 7 号、鄂莲 8 号、鄂莲 9 号及鄂莲 10 号，老熟藕质地比较脆的品种有鄂莲 6 号。一般而言，南方市场喜好粉藕，北方市场喜好脆藕。不论什么品种，其青荷藕（嫩藕）都是脆的。

另外，不同地区对藕形也有不同的偏好。一般而言，南方市场（以广东为代表）喜好节间比较短、圆的品种，北方市场（河南及其以北地区）喜好节间比较长的品种。

③不同栽培需求。主要指早熟栽培或轮作栽培的需要。所谓早熟栽培，在长江流域地区，通常指 7 月 20 日以前上市、产量达到 750 千克/亩*以上的品种。具体品种包括鄂莲 5 号、鄂莲 7 号、鄂莲 9 号及鄂莲 10 号等，这些品种早熟栽培采挖后，可以种植第二季莲藕，也可以接着种植一季晚稻、或荸荠、或慈姑、或水芹等，也可以接着种植多种旱生蔬菜。比较晚的品种为鄂莲 6 号和鄂莲 8 号,其中，鄂莲 6 号属于早中熟品种，7 月下旬产量达到 750 千克/亩以上；鄂莲 8 号属于晚熟品种，9 月开始采收比较适宜。如果不实行早熟栽培早期采收，待成熟后采收，其产量也可以达到 2 000 千克/亩，甚至更高。

④不同产品器官需求。如采收藕带栽培，武植 2 号、鄂莲 8 号、00-26 莲藕等品种均较为适宜。近些年，武汉市农业科学院蔬菜研究所还选育出几个藕带兼用性较好的品种，如白玉簪 1 号。

（2）合理管理，简称“良法”　合理管理，即如何做到“地

* 亩为非法定计量单位，15 亩=1 公顷。余同——编者注

平、泥活、土肥、水足、草净”，如何做好病虫草害防治。如何保障“优质”，实际上是采用技术标准化的“良法”。

①如何做到“土肥”。

其一：适宜施肥种类和施肥量。根据经验，中等肥力土壤，建议每亩施肥量为“一袋半＋一袋＋半袋＋两三小袋”（即 1.5 袋＋1.0 袋＋0.5 袋＋2～3 小袋）。所谓“一袋半”，即 50 千克装的三元复合肥（N-P_2O_5-K_2O 为 15-15-15）1.5 袋；“一袋”，即 50 千克装尿素 1 袋，“半袋”，即 40～50 千克装钾肥 0.5 袋；“两三小袋”，即锌、硼、硅、硫等中微肥各 1 袋（通常为小包装，每亩用量为每种肥一小袋）。这个施肥量与莲藕施肥量试验研究结果基本一致，但不一定适用所有地区。种植户应根据施肥后的表现做出调整。比如氮肥，当前提倡“两减”，可以适当减少。根据湖北地区莲藕养肥需求量的研究结果，在每亩施用商品有机肥 400 千克时，化学态氮肥施用量可以在此基础上减少约 40％。

其二：科学施肥方法。提倡重施、深施基肥，基肥与追肥结合。所谓“重施”，就是将 60％以上的施肥量作为基肥施入（磷肥、中微肥等宜作为基肥一次性施入）。所谓“深施”，就是配合耕翻整地耙田，先施肥，然后将肥料深翻入泥。基肥可以施入 1.0 袋复合肥＋0.3 袋尿素＋2～3 小袋锌、硼等中微肥。

追肥，就是将拟定“施肥量”中剩余的部分（每亩剩余 0.5 袋复合肥、0.7 袋尿素及 0.5 袋钾肥）在定植后的生长期施入。一般 2～3 次，通常早熟品种和早熟栽培的田块，只追肥 2 次，分别在定植后 30 天左右、55～60 天施入。晚熟品种和晚熟栽培的田块可以追肥 3 次，长江中下游地区可以在定植后 70～75 天施入第 3 次追肥。剩余的钾肥在最后一次施入较好，利于结藕。具体如何追肥，还要根据劳动力情况而定，有些劳动力缺乏的种植户，可以分 1～2 次追施剩余的肥料。

②如何做到“草净”。重点是在整地时，做好田园清洁。如果使用除草剂，要选择残效期短的，在定植 10～15 天前使用。生长期间，一般不使用除草剂。莲植株封行前，提倡人工拔除杂草。如

果在生长期间使用除草剂，一定要“谨慎”，即先小面积试用，观察一周以上，对杂草有效，不伤莲藕，则可大面积使用。水绵和浮萍是长江流域常见而普遍的杂草。水绵可以用硫酸铜，每次 0.5 千克/亩，兑水溶解，浇施水绵上，晴天进行，间隔一周左右进行第二次，基本可以控制；浮萍，结合施肥，将碳酸氢铵或尿素撒施于浮萍上，可以暂时拟制其生长，一旦莲藕植株封行，则不会构成大的危害。

③如何做到“地平”“泥活”“水足”。要做到“地平”，一般带水整地，以水为准，找平即可；要做到“泥活”，有效的方法是深耕，并增加耕翻耙地次数；要做到“水足”，就是保障充足的水源，同时建好排灌设施，便于排灌。实际上，一般莲藕田，能保水的深度大多在 50 厘米以下，因而在莲藕生长季节只需灌水，不需排水。

④如何做好病虫害防治。造成莲藕危害的病虫害种类主要为蚜虫、食根金花虫及腐败病。该问题将另外专门介绍。

⑤如何做到“优质”。莲藕产品的安全质量是消费者十分关注的问题，事关莲藕产业能否持续健康发展的问题。保障“优质”的核心是技术标准化。莲藕栽培过程中，影响产品安全质量的因素，主要是产地环境条件及肥料和农药等投入品的使用。

产地环境是否符合要求，一般要依靠专业部门对环境的检测评价结果来做决定，种植户通常只需向当地农业和环境主管部门了解即可。目前，我国采用的产地环境安全标准为 NY/T 5010—2016《无公害农产品　种植业产地环境条件》，实施日期为 2016 年 10 月 1 日。标准 NY/T 5010—2016《无公害农产品　种植业产地环境条件》主要对产地灌溉水和土壤指标进行了规定。绿色食品方面则有农业行业标准 NY/T 391—2021《绿色食品　产地环境质量》，有机农产品方面则有国家标准 GB/T 19630—2019《有机产品生产、加工、标识与管理体系要求》的相关规定。

至于肥料，不论是商品肥料，还是农家肥料，基本都有相应的安全质量技术标准，只要符合相关标准要求即可。肥料使用方面，要求符合农业行业标准 NY/T 394—2021《绿色食品　肥料使用准则》或国家标准 GB/T 19630—2019《有机产品生产、加工、标识与管理体系要求》的有关规定。

农药的使用涉及农药种类、剂型、有效成分含量、用量和使用方法等因素。农药安全使用的原则包括：选用符合法律法规及行政规章许可使用的种类，农药质量要符合相关标准要求，而且要按照技术操作标准的规定使用。与农药使用有关的标准主要为国家标准 GB/T 8321《农药合理使用准则》（所有部分）。另外，还应遵守历年有关禁用和限用农药的规定。绿色食品莲藕生产中的农药使用规定有农业行业标准 NY/T 393—2020《绿色食品　农药使用准则》；有机莲藕生产中的农药使用规定有 GB/T 19630—2019《有机产品生产、加工、标识与管理体系要求》。

需要说明的是，莲藕栽培技术标准制定的相关农业行业标准均现行有效，如 NY/T 837—2004《莲藕栽培技术规程》和 NY/T 5239—2004《无公害食品　莲藕生产技术规程》。许多地区都制定了莲藕栽培技术地方标准，也可以参照使用。如湖北省有关莲藕栽培的地方标准——湖北省地方标准 DB42/T 840—2012《有机蔬菜　水生蔬菜生产技术规程》。

莲藕产品（包括藕带）是否达到“优质”的要求，亦有相关标准规定。其中，基本要求是符合 GB 2763—2021《食品安全国家标准　食品中农药最大残留限量》和 GB 2762—2017《食品安全国家标准　食品中污染物限量》；绿色食品莲藕执行 NY/T 1044—2020《绿色食品　藕及其制品》；有机农产品生产实行的是控制过程，主要由相关认证单位认定，目前没有专门的有机莲藕产品质量标准。

综上，可以概括为 7 个词，14 个字，即“地平＋泥活＋土肥＋草净＋水足”＋“良种＋良法”。其实，这 7 个词不仅适用于莲藕，而且适用于籽莲，也适用于其他水生蔬菜。莲藕大田定植参见图1-1。

图 1-1　种藕定植与萌发

注：种藕摆放：早熟品种、早熟栽培穴距 1.0～1.5 米，行距 1.5～2.0 米；中晚熟品种、中晚熟栽培穴距 1.5～2.0 米，行距 2.0～2.5 米；种藕覆泥：种藕藕身覆泥，顶芽入泥 10 厘米左右，梢节可外露。

二、莲藕栽培中的叶片黄化枯萎问题

（一）除草剂导致的叶片黄化枯萎

近年来，反映莲除草剂危害问题的人较多，而且危害面积大。除草剂危害问题已经成为莲藕产区常见的问题。

1. 除草剂种类和药害来源　根据除草剂传导性能，将除草剂分为触杀型除草剂和内吸传导型除草剂，对莲危害较大的为内吸传导型除草剂，如草甘膦（农达）、吡嘧磺隆、苄嘧磺隆、恶草酮、苯噻酰草胺（环草胺）、扑草净、二氯喹啉酸、双草醚、氯氟吡氧乙酸等。莲田除草剂危害主要来源于莲田用药不当，错误混入除草剂（如误配除草剂、喷药器械内残留除草剂、在莲田水源内清洗除草剂喷洒器械）；莲田田埂或邻近田块使用除草剂，随风飘入、随水流入。近些年，飞机喷药技术（“飞防”）的应用越来越普遍，经常出现水稻田邻近莲田受害的现象。飞机喷洒除草剂时，雾滴极小，飘逸距离较远，距离喷药点 300～500 米范围内仍可见明显受害症状。有资料介绍，飞机喷洒除草剂时，雾滴可以飘逸 1 000～2 000米，甚至更远。不过，在除草剂事故纠纷中，由于种种原因，受害一方往往难以确认具体除草剂种类。

2. 莲藕除草剂危害主要症状 除草剂危害莲藕的主要症状表现在叶片、花及根状茎上，长江中下游流域地区的除草剂危害大多发生在 5～8 月。

(1) 除草剂危害莲藕叶片症状

①叶片整叶黄化。受害叶片整片叶黄化，叶缘上卷，重者枯萎死亡（图 1-2）。通常，叶片叶脉和叶脉间皆呈现黄化，但部分除草剂危害时，叶脉仍然保持一定程度的绿色。

整片叶片黄化且叶缘上卷，重者枯萎死亡（湖北仙桃）

图 1-2 除草剂危害莲叶片症状——整片叶片黄化

②叶片扇形黄化。受害叶片黄化部位呈扇形，黄化扇形部位叶缘上卷，重者扇形部位枯萎（图 1-3）。

扇形黄化部位枯萎、叶缘上卷

图 1-3　除草剂危害莲叶片症状——叶片扇形黄化

③叶片斑点状黄化。受害叶片出现斑点状黄化，但叶片处于基本健康状态。2019 年，湖北省嘉鱼县一处受水稻田飞机喷洒除草剂影响的莲藕田，在距离水稻田 100 米范围内，莲藕叶片整片黄化、枯萎较重；距离水稻田 100～500 米范围内，则出现部分扇形黄化叶片及大量斑点状黄化叶片（图 1-4）。

④叶片叶脉间黄化。受除草剂危害的叶片，其叶脉间黄化（重者枯萎），但叶脉仍然保持绿色（图 1-5）。其实，叶片叶脉间黄化与叶片整片叶黄化症状，经常同现一田，有时候区分并不明显。

⑤叶片叶脉黄化。受害叶片表现为叶脉黄化，叶脉间绿色，严

同一时期发生的嫩叶“飘洒”除草剂雾滴后，呈现斑点状黄化，后发叶无症状

图 1-4 除草剂危害莲叶片症状——叶片斑点状黄化

叶片黄化，通常叶片叶脉间黄化，而叶脉仍然保持一定绿色

图 1-5 除草剂危害莲叶片症状——叶片叶脉间黄化

重时叶脉呈褐色，叶片枯萎死亡（图 1-6）。另外，出现叶脉黄化的植株，长势较弱，植株较矮。莲藕种植户多次反映该症状，但一直未能确定导致该症状的除草剂名称。曾经有人怀疑该症状为土壤肥料因素所致，但从症状叶片及症状植株在田间的分布来看，具有

明显的除草剂内吸传导现象，且不符合土壤肥料因素导致的症状表现（图 1-6）。

图 1-6　除草剂危害莲叶片症状——叶片叶脉黄化

（2）除草剂危害莲藕花器官症状　内吸传导型除草剂危害莲时，花器官表现大致相同（图 1-7）。主要表现为：①花瓣白化，呈无光泽的白色（莲藕和籽莲正常花色多为红色、粉红色或花瓣瓣尖呈粉红色）；②花药白化，呈白色，无花粉（正常花药颜色为黄

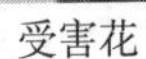

受害花　　正常花

图 1-7　除草剂危害莲花器官症状（花药白化、无花粉、心皮泡状、花瓣白化）

色，个别为红色）；③心皮泡状，不结籽（正常的籽莲、莲藕及部分花莲能结籽）。

（3）除草剂危害莲藕根状茎症状　内吸传导型除草剂危害莲后，根状茎不能正常伸长生长和膨大生长，前期表现为短缩不伸长，后期膨大的根状茎常出现缢缩畸形、质地变硬等症状（图 1-8）。

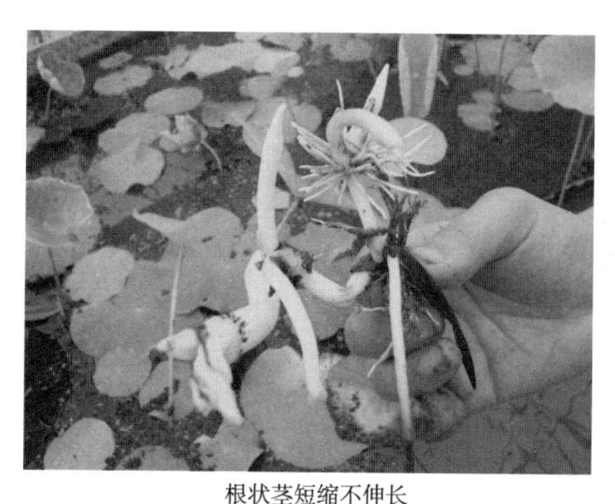

根状茎短缩不伸长

图 1-8　除草剂危害莲根状茎症状（短缩、缢缩）

3. 除草剂危害莲藕的预防和补救

（1）预防　要求“谨慎”使用除草剂。在莲藕生长季不建议使用除草剂；邻近农田，也不要在上风口、水源上游使用除草剂，尤其是藕田邻近水稻田进行飞防时，更要注意这一点。近些年，不少地方都发生过稻田飞防伤及莲田的现象，已成为莲田除草剂危害发生的常见原因之一。

（2）及时补救　人们所了解的莲田除草剂危害现象，都是由于缺乏相关知识或防范意识不强、防范措施不到位所造成。一旦发生除草剂危害事故，应尽快尽可能调查清楚原因，如弄清楚除草剂种类、施用时期、施用方法、施用剂量、施用现场的风向和水体流向等，根据莲植株危害状况，对于除草剂包装袋或包装瓶、田间危害状况等尽量拍照，以供向专家和同行咨询时提供参考。通常，莲除草剂危害发生后，可采取及时换水（已经表现危害症状时换水，往往没有效果）、追施肥料等措施，加强田间管理，促进植株恢复正常生长发育。除草剂解毒剂也是选择之一。大多数情况下，特别是早期发生的除草剂危害所产生的不良影响，基本上都可以克服。即便是出现一些畸形莲藕，也可留作下一年度的种藕，用于生产。

（二）土壤理化性状不适导致叶片褪绿发黄

土壤理化性状不适，进而导致连片莲藕和籽莲植株叶片褪绿发黄的现象，在近期进行过土地开发整理的地区常见，而且以旱地改水田的地块出现较多、较重。主要原因是部分地区在土地整理过程中，采取了不合理的土地整理方法。

土壤分为不同层次构造，不同深度土层中，土壤的物质组成、质地、结构、松紧度、颜色等均有不同。农业土壤表层就是耕作层，其下为犁底层。对于旱地而言，犁底层下为心土层，再往下为底土层；对于水田而言（耕作层也叫淹育层），犁底层下为斑纹层（潴育层），再往下为青泥层（潜育层）。

一般农田耕作层为15～20厘米厚，但莲藕田的耕作层可达30～50厘米，甚至更深。耕作层受耕作、栽培、施肥、灌溉等人为活动影响最大，含有机质较多，颜色较深，较疏松，孔隙多。耕作层受气候等环境变化的影响也大，土壤干湿交替频繁，温度变化大，通透性较好，微生物活动强烈，物质运动转化快，含有效营养物质多，是作物根系集中分布的土层。耕作层的形成大多历经了数十年，乃至上百年，甚至上千年的历史。

耕作层下的犁底层，其有无和深浅与犁耕深度等因素有关，长期积水的烂泥田、沤田没有犁底层；犁地深度变化较大的田块，犁底层不明显；犁地深度一致的田块，犁底层较明显。犁底层明显的田块，犁底层厚度一般5～10厘米，土层紧实，较黏重，总孔隙度低。对于旱地而言，犁底层下的心土层厚20～30厘米，土层紧实，受气候和地表植物影响较弱，土壤温湿度变化较小，通透性较差，微生物活动弱，物质转化和移动较缓慢，植物根系分布量少，有机质含量极低；底土层则不受耕作影响，受气候、微生物等影响均较小，物质转换缓慢，缺少营养物质。对于水田而言，其犁底层下的潴育层受地下水升降和季节性水分潴积影响，土层中的氧化和还原过程交替进行；潜育层则终年积水，长期受潜水浸渍，处于还原状态。

不合理的土地整理方法，主要表现为对原有地块上的耕作层土壤推移他处，土地平整后对耕作层土壤未予回填，并且是直接对耕作层以下的土层（犁底层、心土层或潴育层、底土层或潜育层等）进行耕翻平整。这样，整理后田块的土壤质地、土壤结构、土壤松紧度、土壤孔性、土壤有机质、土壤通透性、土壤吸收性能、土壤酸碱度、土壤养分等理化性状多数发生较大变化，导致土壤保肥、供肥能力和通透性均降低，微生物群落发生较大变化，植株也不能正常吸收利用养分。在这样的田块种植莲藕或籽莲，即便加大化学肥料施用量（常规的 2 倍），植株也不能持续健康生长。许多情况下，虽然早期植株生长正常，但到一定时期后，植株根系养分吸收能力明显下降，叶部出现较为严重的营养缺乏症状，表现为叶片在短期内褪绿发黄，重者叶片出现斑枯，甚至因“饥饿”而死亡（图 1-9）。而且，营养缺乏，往往不

植株叶片发黄、枯萎、死亡；受害植株叶缘不明显翻卷、花药不白化、根状茎有短缩

图 1-9 土壤理化性状变化导致的叶片失绿症状

是某一种元素缺乏，而是多种元素缺乏。与内吸传导型除草剂危害症状相比，这种情况下症状发生前期叶片的叶缘一般不上卷、不焦枯。

防治方法：①土地整理时，确保耕作层土壤回填是根本的防治办法。②合理配置茬口。新整理的田块，如能先种植浅根系的作物（水稻等）2～3 年，并配合种植紫云英等绿肥，之后再种植莲藕或籽莲，则效果较好。③增施有机肥，增加土壤有机质含量，改良土壤理化性能。结合整地，耕翻前每亩施商品有机肥 1 000 千克，或腐熟农家肥 3 000～4 000 千克。④放水搁田，叶面施肥。经验表明,对于已经发生症状的田块,放水搁田 7～10 天，同时用 0.3%～0.5%尿素+0.3%～0.5%磷酸二氢钾混合液，对于恢复植株长势有较好的效果。新整理的田块种植莲藕或籽莲，如果事先未能进行耕作层回填，建议在植株 3～5 片立叶时，开始搁田和叶面施肥。搁田时，要在田块四周及田内，按一定距离开沟，沟深 30～50 厘米，排干田间明水。搁田可以促进空气中的氧气直接进入土壤耕作层内，氧化土壤中还原性有毒物质，分解有机质，增加土壤有效养分，改善根系生长环境，促进根系生长发育，增强根系吸收养分的能力。叶面施肥可及时补充养分，缓解根系养分吸收能力明显下降问题。

（三）典型的缺素症导致叶片褪绿发黄

一是缺钾。莲藕或籽莲植株缺钾，首先在叶肉部分表现失绿，出现黄色斑块；重者形成连片枯斑，但叶脉仍然保持绿色；后期，叶片枯萎死亡。二是缺氮。缺氮植株叶片褪绿发黄，叶色变浅。三是缺磷。一般产区磷肥施用量较大，通常不表现缺磷症状。泥炭基质栽培莲藕试验时，不施磷时叶片症状也不明显（图 1-10）。

防治方法：及时施肥，施足肥。一般宜每亩施纯氮（N）20～26 千克、五氧化二磷（P_2O_5）7～10 千克及氧化钾（K_2O）20～25 千克。其中，磷肥可用作基肥一次性施入，氮肥和钾肥分成基肥和追肥分 2～3 次施入，大约 50%的钾肥宜在莲藕根状茎即将膨大时施入。另外，要注意补充锌、硼等微肥。

缺氮叶（左）和不缺氮叶（右）

莲藕缺钾中后期

图 1-10 莲藕氮钾缺乏时的主要症状

此外，低温冷害和病害等，也可导致叶片褪绿发黄。

三、莲藕“先期结藕”现象

（一）“先期结藕”现象

几乎每年 4～5 月，都会有莲藕种植户咨询：“田里的莲藕早产了，什么原因?”所谓“早产”，也叫“早结藕”，实际上是“先期结藕”，也就是莲藕植株过早形成膨大根状茎。至今，学术界对莲藕“先期结藕”现象尚无确切研究文献。根据莲藕种植户的反映和田间调查，“先期结藕”现象大多为种藕萌发后直接形成膨大根状茎（藕），或种藕萌发抽生的莲鞭（未膨大根状茎，即细长条形根状茎）节间数在 3 个或 3 个以下时即开始形成膨大根状茎。通常情况下，莲藕开始形成膨大根状茎的节间数不少于 5 个。以武汉地区选育的莲藕品种为例，浅水栽培（水稻田栽培）时，鄂莲 7 号莲鞭开始膨大的节间数为 5 个，鄂莲 1 号为 6 个，鄂莲 5 号为 8 个，03-38 莲藕为 10 个；深水栽培（鱼塘）时，鄂莲 5 号为 9 个。

正常情况下，种藕顶芽抽生的莲鞭一般能形成 2 个分枝，进而形成 2 支膨大根状茎；少数能形成 3 个分枝，形成 3 支膨大根状茎。但是“先期结藕”现象发生后，种藕顶芽只能形成 1 支膨大根状茎。并且，“先期结藕”植株因莲鞭伸长生长和分枝不充分，不能形成良好根茎系统，主要的养分吸收器官（须根）与光合作用器官（立叶）都较少，导致植株养分吸收能力和光合作用能力都较弱，新的膨大根状茎形成所耗养分很大一部分来自种藕，最终结果是植株生长势较弱、产量较低。“先期结藕”的生产田块植株往往不能封行(图 1-11)。

从理论上讲，莲藕植株膨大根状茎开始形成的节位数比其原产地的节位数（或该品种膨大根状茎开始形成的特征性节位数）少，都可以视为“先期结藕”。“先期结藕”现象不仅仅发生在春季，只是人们见到的“先期结藕”现象主要发生在春季。“先期结藕”现象往往发生在莲藕向南引种栽培时，如东北地区的莲藕资源引种到长江流域地区种植时，或长江流域地区引种到华南地区种植时，都可能出现“先期结藕”现象。“先期结藕”对产量的影响程度取决于发生时期早晚或严重程度。如果“先期结藕”现象发生在第 3 叶期之前，对产量的影响比较明显。还有一种“先期结藕”现象，则发生在无明水状态下的“旱地”(图 1-11)。

种藕顶芽萌发后直接形成“新藕”（严定芳提供）

种藕抽生莲鞭后，从第2节位开始膨大形成“新藕”（张新提供）

图 1-11　莲藕“先期结藕”现象

（二）诱导莲鞭膨大增粗的主要因素——光照长度和温度的相互叠加效应

1. 短日照有利于诱导莲鞭膨大增粗　光周期指一天中白天和

黑夜的相对长度。一天中，白天（日照长度）与黑夜（暗期长度）之和为24小时，日照长度（时数）短，则暗期长度（时数）长；日照长度长，则暗期长度短。植物对白天和黑夜相对长度的反应，称为光周期现象。植物感受光周期刺激的器官为叶片，从“先期结藕”现象看，莲植株1～3片叶时都能感受光周期刺激。光周期不仅影响莲开花结果，也影响营养莲鞭的伸长与膨大、根系和叶片生长等。实际上，在光照周期现象中，暗期长度比日照长度更为重要，只是人们已经习惯用日照长度表示光周期。对植物生长发育的影响因子还有平均温度、最低温度、最高温度、温度变化幅度和趋势、积温等，温度与光照长度相互叠加影响植物的生长发育。

生产观察和试验研究表明，莲植株的莲鞭伸长生长和开花结果需要长日照，莲鞭膨大增粗需要短日照。日本九州大学（Kyushu University）学者Masuda等（2006）研究表明，在诱导莲鞭膨大增粗的光周期反应中，光敏色素起着重要作用。当然，日照长度也不是越短越好。

2. 不同生态型莲的莲鞭膨大增粗所需临界日长可能不同

（1）不同生态型莲适应性不同，诱导莲鞭膨大增粗的临界日长及温度可能不同　目前，关于诱导莲鞭膨大增粗的临界日长，即能诱导莲鞭膨大增粗的最长日长，尚缺乏较系统的研究。或许应该与莲生态型及品种资源对光周期的敏感程度有密切关系。可以参考我国有关气候带的划分，将莲藕分为温带生态型（temperate ecotype）、亚热带生态型（subtropical ecotype）及热带生态型（tropical ecotype）3种生态类型。我国的莲藕资源大多属于亚热带生态型和温带生态型，而且分布区域的南北纬度差异很大。

千百年来，野生莲或地方传统莲藕品种长期在某一特定环境内生存繁衍及适应后，莲藕“植株形态”和“生长发育习性”（包括开花结果、根茎叶生长发育）都会有一定的特化，不同生态型莲的适应性会出现差别，其中诱导莲鞭膨大增粗所需的临界日长及温度也可能存在差异。在莲藕引种过程中，引入地区栽培环境与原生环境越接近，则越容易引种成功。

（2）纬度较高生态型莲的莲鞭膨大增粗所需临界日长较长　我国纬度较高的黑龙江哈尔滨地区自然分布莲藕属于典型的温带生态型莲。就气温而言，哈尔滨地区适宜莲藕露地生长的季节为5月初至9月底。哈尔滨地区的莲藕一般于8月中旬开始结藕，每支主藕能形成3～4个膨大节间。哈尔滨地区8月上旬的日照长度大约为14.50小时，诱导哈尔滨地区当地分布莲的莲鞭膨大增粗所需临界日长大约为14.50小时。

自然条件下，温带地区诱导莲鞭膨大的光周期条件满足后，尽管气温在逐渐下降，但仍然处于气温较高的时期。如“日均最高气温/日均最低气温”（单位：℃/℃），哈尔滨地区7月20日为28℃/19℃、7月30日为28℃/19℃、8月10日为27℃/17℃，8月20日为26℃/16℃、8月31日为25℃/14℃、9月10日为22℃/10℃、9月20日为20℃/7℃、9月30日为18℃/6℃；北京地区7月20日为31℃/22℃、7月30日为31℃/23℃、8月1日为31℃/22℃、8月10日为31℃/22℃、8月20日为30℃/20℃、8月30日为29℃/19℃、9月10日为27℃/16℃、9月20日为25℃/14℃、9月30日为24℃/12℃。可以说是短日照和高温相互叠加作用诱导结藕。在哈尔滨地区，清明节前后（4月上旬）用大棚保温栽培莲藕（花莲），则7月结藕，其原因是设施提前满足了莲藕生长所需的温度，导致生长季节提前，而这个时期诱导莲鞭膨大增粗的短日照条件也是具备的。

（3）纬度较低地区的生态型莲莲鞭膨大增粗所需的临界日长较短　日本九州大学（Kyushu University）学者Masuda等（2007）研究表明，诱导莲藕莲鞭膨大增粗的临界日长为12～13小时（其所用试验材料属于亚热带生态型莲，或者介于温带生态型和亚热带生态型之间的类型）。曾经有人将北纬22°33′地区地方莲藕品种引种到北纬30°29′地区种植，大约在9月中旬莲鞭开始膨大增粗，而该地区8月下旬至9月上旬日照长度为12.50～13.12小时；将华南地区部分花莲品种引种到江苏沭阳县种植时，开花正常，但根状茎往往不膨大或于8月中旬开始膨大增粗（但膨大不充分）。亚热带区域内进行的多例莲藕北移栽培实例中，莲鞭开始膨大增粗前一段时期内的日照长度数据均与日本学者的试验结果基本相符。从武汉地区野生莲藕的莲鞭膨大时期来看，诱导莲鞭膨大的临界日长也大约为13小时。

长江中下游流域是典型的亚热带生态型莲分布区，该区域内早春和秋季均易满足莲鞭膨大增粗所需的短日照。从亚热带生态型莲鞭膨大增粗期间的光照长度和温度数据看，诱导和促进亚热带生态型莲鞭膨大增粗的主要因素也属于高温短日照。

泰国曼谷是典型的热带地区，当地全年的日照长度范围为11.32～12.93小时，因而曼谷地区莲鞭膨大增粗所需的日照长度一定短于12.93小时。从泰国莲在武汉、广州等地的生长表现推测，泰国曼谷等地野生莲藕的临界日长为11.5～12.5小时。在曼谷当地，膨大根状茎的直径比较小（据泰国朋友介绍，曼谷地区的花莲连续生长2年后形成的膨大根状茎直径一般为2.5～3.8厘米）。热带生态型莲藕的莲鞭膨大增粗，也是短日照和高温相互叠加作用的结果。例如曼谷地区，其全年各月的“日均最低气温”范围为21～26℃、“日均最高气温”范围为31～35℃，全年都处于高温季节。

3. 部分莲藕品种对光周期的敏感程度可能较低或不敏感 目前，包括藕莲、籽莲和花莲在内的莲藕品种，已有1 300～1 500个，其中多数是通过人工授粉杂交或自然授粉后代选育的。野生莲藕和地方传统莲藕品种对光周期的敏感程度较高。现代育种过程中，因育种材料来源广泛，交流频繁，选育的品种对光周期的敏感程度也可能存在较大差异，对光周期敏感程度低或不敏感的品种，适宜的种植区域更广。

（三）莲藕“先期结藕”的原因

1. 诱导莲鞭膨大增粗的短日照和温度条件提前得到满足

（1）*莲藕南移栽培时* 反映莲藕“先期结藕”现象比较多的地区包括湖南省中南部、江西省中南部、广东省、广西壮族自治区、福建省、海南省及重庆市和四川省的部分地区。这些地区引进种植武汉地区选育的部分鄂莲系列莲藕品种时，春季容易出现“先期结藕”现象，特别是2～3月定植的莲藕。究其原因，应该是这些地区诱导莲鞭膨大增粗所需的温度（莲藕种藕萌发的“最低温”的近似值约为“日最高气温=13℃，且日最低气温=5℃”）和短日照条件均能得到满足。

表1-1列出了几个代表地区的日照长度、日均最高气温及日均最低气温。从表中可以看出，成都、南宁及海口在2月上旬定植后的气温都是适宜的。但是，武汉地区却不一样，虽然在4月18日之前的日照长度处于临界日长之内，但武汉地区2月气温偏低，不适宜莲藕生长，直至3月中旬以后的气温才逐渐适宜莲藕生长，逐渐长出叶片，早期难以感受短日照的刺激，因而露地栽培时一般没有“先期结藕”现象。

表1-1 几个代表地区的日照长度、日均最高气温及日均最低气温

日期	武汉			成都			南宁			海口		
（月．日）	日长	高温	低温	日长	高温	低温	日长	高温	低温	日长	高温	低温
2.01	10.73	8	0	10.73	9	3	11.13	17	11	11.25	22	16
2.10	10.97	11	2	10.97	12	4	11.28	17	12	11.40	22	17
2.20	11.25	11	3	11.25	12	5	11.48	18	12	11.57	23	17
2.28	11.48	11	4	11.48	13	6	11.67	19	13	11.72	24	18
3.10	11.82	14	6	11.82	15	8	11.90	20	14	11.92	25	19
3.14	11.93	15	7	11.93	16	9	11.98	21	15	12.00	26	19
3.15	11.97	15	7	11.97	17	9	12.00	21	15	12.02	26	19
3.16	12.00	16	7	12.00	18	9	12.03	21	15	12.03	26	20
3.20	12.13	15	8	12.13	17	9	12.12	22	16	12.12	27	20
3.30	12.43	18	10	12.43	19	10	12.33	24	17	12.30	28	21
4.18	13.02	22	14	13.02	22	14	12.75	27	20	12.67	30	23
5.01	13.37	24	17	13.37	25	16	13.00	29	22	12.88	31	24
5.09	13.57	25	18	13.57	26	16	13.15	30	22	13.00	32	24

注：“日长”指“日照长度”，单位为小时；“高温”和“低温”分别指“日均最高气温”和“日均最低气温”，单位为℃。

同样，来自东北地区的野生莲藕属于温带生态型，引种到武汉地区后，尽管定植期在3月中下旬至4月上中旬，但因气温已适宜，而且短日照具备，因而在5月莲鞭膨大增粗（膨大根状茎小于其原产地），表现为“先期结藕”现象。济南地区传统莲藕品种‘大青秸’引种长江流域及其以南地区，所形成的膨大根状茎通常明显小于济南地区。究其原因也是诱导莲鞭膨大增粗的高温短日照条件容易早期得到满足而发生“先期结藕”。

据莲藕种植户经验观察，3～4月冷空气频繁时，容易出现“先期结藕”现象。查核发生“先期结藕”现象地区（广西南宁、广东江门及海南海口）的“日最高气温”资料发现，这些地区3～4月气温虽然整体是逐渐上升的，但多数出现过在2～7天内降温8～14℃的现象，而在比较关键的3月大多出现过3～4次降温。

（2）*设施早熟栽培时* 根据在武汉地区的观察，利用塑料大棚覆盖进行莲藕早熟栽培时，3月上中旬定植，也会出现“先期结藕”现象。由于利用设施提前满足了莲藕生长所需的温度，导致生长季节提前，而这个时期诱导莲鞭膨大增粗的短日照条件也是具备的。

（3）*露地延迟栽培时* 延迟栽培指进入夏秋季后，对莲藕重新定植栽培。延迟栽培时，莲藕植株生长与自然状态下野生莲藕莲鞭膨大增粗的季节相当，诱导莲鞭膨大增粗的短日照条件已经具备，而且气温适合，因而出现“先期结藕”现象。如于8月中旬在哈尔滨地区将东北地区野莲莲鞭定植繁殖，9月中旬莲鞭即开始膨大增粗。

2. 逆境胁迫 2014年，江苏徐州莲藕种植户反映，其留地越冬的莲藕田未灌水，翌年春季直接从主藕或子藕顶芽萌发长出膨大新藕，6月25日采挖时，每支新藕已有2～4个膨大节间（图1-12）。徐州地区“平均日最高气温≥15℃，且平均日最低气温≥5℃”的起始日为3月27日，这也是当地可以开始进行莲藕大田定植的日期。徐州地区3月底之后至6月下旬的“平均日最高气温/平均日最低气温”由4月1日的18℃/7℃，逐渐上升到6月30日的

31℃/21℃，这个时期的温度均适宜莲藕生长。

与邻近正常莲藕田相比，主要区别是冬春季田间未灌水。之所以发生“先期结藕”，其主要诱导因素应该是干旱。虽然与一般旱地相比，不一定未灌水的土壤含水量低，但对于水生植物莲藕，这可能就是“干旱”状态了。曾经发现，3 月包装待运的藕种，相对环境也是“干旱”状态，室内放置一段时间后，随着气温升高，种藕萌发的芽直接形成膨大根状茎。在沙性较重的黄河故道地区，未灌明水的旱田土壤，与保持一定水深的水田土壤相比，春季可能较易受气温变化的影响。但这种情况究竟对结藕有多大影响，没有评估。从图 1-12 可见，有抽生出土的叶簪，至于叶簪对新藕的形成有何影响，亦不得而知。

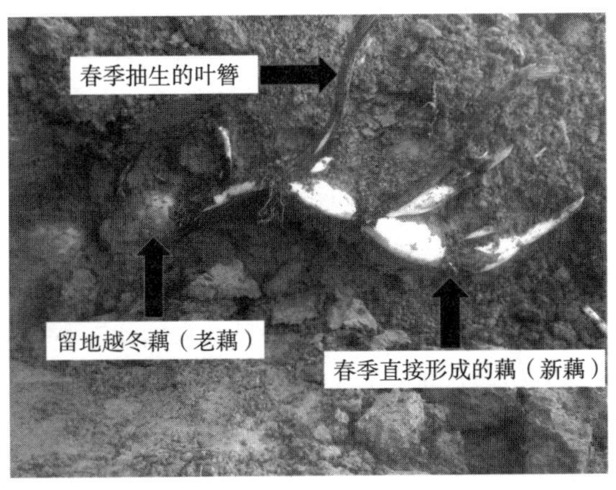

图 1-12　逆境胁迫导致先期结藕（示地下着生状态，徐培军提供）

(四) 对“先期结藕”现象的利用和防止

1. “先期结藕”现象的利用

(1) 早熟栽培中的利用　早熟设施栽培时，加大用种量，利用“先期结藕”现象，将廉价的“老藕”（种藕），近乎等量置换成高价的“新藕”（嫩藕、青荷藕），增加收益。在产区，“新藕”价格一般是“老藕”价格的 3～5 倍。在南方地区，露地栽培时，也可以通过增大用种量，利用“先期结藕”生产“新藕”。

（2）加快繁殖速度　在品种种苗扩大繁殖过程中，可以利用“先期结藕”现象，在夏秋季进行第二次定植，进而加快繁殖速度。

2.“先期结藕”现象的防止

（1）对育种家而言，要选育生态适应不甚敏感的品种，或在相应生态型内进行育种；同时，新品种推广前，测试评价品种对光周期现象的适应能力，明确适宜的推广范围。

（2）对引种者而言，在引进新品种之前，一定要对新品种的生态适应性有所了解，同时，宜先进行小面积、多品种的试种比较。试种时间不宜少于2年。通过试种比较，选择适应性强的品种。未能进行引进试种者，要尽量了解邻近种植户的种植情况，吸取他人经验。

（3）对于种植者而言，克服“先期结藕”的措施包括：①延迟定植，避开先期的短日照刺激。②农民经验，早春莲藕定植后（重点2～4月），在冷空气来临前灌20～30厘米深水，缓解温度波动，对防止“先期结藕”效果明显。③割叶重栽或只割叶待重发。发生“先期结藕”现象后，割除叶片，重栽或不重栽，植株均可转入正常生长和结藕。④暗期中断。诱导根状茎膨大增粗的“短日照”本质上是“长夜”，暗期中断就是夜间给予一短时间光照，将“长夜”分割成2段“短夜”。即在夜间采用白光、黄光或红光照射0.5～2小时，持续到莲鞭伸长生长充分、立叶数足够多时，停止补光。不过，用于大田生产则成本过高。

与“先期结藕”现象相反的是，莲藕品种北移过程中的莲鞭伸长生长期延长，莲鞭膨大增粗期延迟。需要注意的是过度北移会出现莲鞭不膨大增粗或膨大增粗不充分的现象。

四、莲藕主要栽培设施

（一）两个相关概念

1. 浅水莲藕（浅水藕）　一般指灌溉水深度不超过30厘米的田块栽培的莲藕，主要利用水稻田种植，不论是田间灌溉水的深度，还是莲藕产品入泥的深度，都比较浅，通常称为浅水藕，又叫田藕。浅水莲藕是我国莲藕产区应用最为普遍的栽培方式。

2. 深水莲藕（深水藕） 利用较深的水种植的莲藕，水深可以达 1 米，有的地方甚至达到 1.5 米以上，往往采用鱼池、湖塘种植，又称塘藕或湖藕。深水藕种植是我国传统莲藕栽培的主要方式，目前，在莲藕产区也大量采用。与水稻田相比，水塘和鱼池的淤泥通常更加深厚、疏松、肥沃，莲藕产品入泥深度可达 40～50 厘米。和浅水藕相比较，即便是相同的品种，采用水塘或鱼池栽培时，莲藕产品一般长得粗壮、节间较长、节间数较少，产量也较高。

（二）适宜莲藕栽培的主要设施

目前设施栽培的莲藕都是浅水莲藕。按照莲藕栽培设施的主要功能和作用，基本可以分为 2 大类。

1. 增温保温型设施 主要为地上覆盖设施，包括日光温室、大棚（连栋大棚和单栋大棚）、中棚及小拱棚等，作用主要是保温增温，用于早春覆盖栽培，提早上市。曾经应用过日光温室，早熟效果好，但现在实际应用少；塑料小拱棚仅限于早期覆盖，立叶长出后需要立即拆除，目前也极少应用。应用较多的覆盖设施为塑料大棚或中棚。1999 年，湖北十堰市农业局曾经进行“莲藕覆膜厢作湿润栽培”（即莲藕畦面地膜覆盖），曾经在局部地区推广应用。

设施栽培莲藕强调采用早熟品种、加大用种量和及时采收。与露地栽培相比，塑料小拱棚早期覆盖可提早 15 天左右，塑料大棚可提早 30～45 天，日光温室的提早效果更好一些。早春覆盖早熟栽培，通常是对“先期结藕”现象的利用，即利用设施提早满足莲藕生长的温度需求，促进萌发，之后在早期的短日照诱导下，根状茎提早膨大结藕。由于植株结藕前莲鞭伸长生长不充分，抽发茎叶数少，单棵植株的“发棵”量较少，占地面积也小。为了提高早期产量，需要加大用种量，缩小定植株行距，用种量可以加大到 500 千克/亩以上。

2. 保水保肥型设施 主要建于地下，包括砖混硬化池、碾压硬化池及铺膜软底池，作用主要是保水保肥。

早期，在我国山东、河南、山西等北方缺水地区，或土壤保水性较差的地区，采用人工藕池种植莲藕的情况比较多。一般小面积的硬化池有 670～1 300 米，大面积的有 2 000～3 300 米，四周砌墙挡水，池底采用砖混水泥沙石硬化，池内回填 20～30 厘米厚的土层，灌水后种植莲藕。硬化池种植莲藕时，有保水、保肥、高产、便于管理、便于采挖、便于实行种养结合等优点。但是，硬化池造价较高，一般每亩硬化池造价 6 000～8 000 元。不过，硬化池的使用寿命也较长，可以达到 15～20 年。为了节约造价，有的地区采用机械碾压方式，使池底土质紧实致密，保水防渗性能大为增加，而藕池造价也相对大为降低，每亩仅需 1 500～2 500 元。采用池底铺薄膜的方式，效果也很好。最初采用的是相对较厚的塑料膜，成本较低，但使用寿命较短；后来，开发出专用的土工膜，保水保肥效果好，使用寿命长。只是土工膜造价较高，每亩土工膜池的造价达 6 000 元以上。相应地，池底铺薄膜的池子，叫作铺膜软底池，或简称为软底池。后来，长江流域及其以南地区的产区也有引进保水保肥型设施，主要类型为铺膜软底池。针对实际采挖莲藕的困难，专家建议采用基质栽培莲藕，能显著降低莲藕采挖的劳动强度。保水保肥型设施是非常适合于莲藕基质栽培的设施。

建造保水保肥型莲藕栽培设施时，要求做到：①表土层推移。应事先将原耕地上的原有表土层（即耕作层，一般农田耕作层厚 15～20 厘米，但莲藕田的耕作层可达 30～50 厘米）土壤推移他处暂时堆放。②平整池底。莲藕生产田，同一块藕池的池底高程误差不超过±5 厘米即可满足要求。③表土回填。将事先推移他处暂存的表土层回填、整平。④筑实池埂。种植莲藕的藕池池埂可以保水防渗、安置排灌设施以及人员和机械田间操作行走。一般池埂高度不矮于 50 厘米，池埂顶端宽度不窄于 50 厘米。采取砖混结构建造，也可以在池埂上铺垫塑料薄膜或土工布（图 1-13），以便池埂防渗。

此外，还有混合类型设施，即增温保温型设施和保水保肥型设施的配合使用，兼具两类设施的特点。

山西左权县麻田镇规模化铺膜软底池栽培莲藕

图 1-13　保水保肥莲藕栽培设施

五、莲藕主要栽培模式

（一）莲藕栽培模式影响因素

影响莲藕栽培模式的主要因素有 3 个：①水生习性。田间水深一般浅者 3～5 厘米，深者 150 厘米，莲藕均能适应。②耐连作。水肥管理得当，做好病虫防治的情况下，莲藕能长期连作。③产品留地和腾地时间灵活，季节跨度大。从第一年的青荷藕采收始期 6 月底至 7 月上中旬，至翌年的老熟藕最迟采收期 6 月中旬，产品留地时间最长可达 12 个月；从 7 月中下旬至翌年 3 月下旬，产品腾地时间最长可达 8 个月。

（二）莲藕单一栽培模式

在同一块田中只单一种植莲藕的模式。包括：

1. 莲藕常规单一栽培模式　全国最普遍采用的模式。长江中下游地区，一般春季定植，7 月中下旬至翌年 4 月中下旬均可采收。华南和西南早春气温较高地区的定植期和始采期均可提前，黄淮流域及其以北地区的定植期和采收期则相应延后。近 10 年，武汉市农业科学院蔬菜研究所选育出鄂莲 7 号、鄂莲 10 号等极早熟莲藕品种，常规露地栽培时，6 月中下旬即可采收青荷藕上市。

2. 莲藕返青早熟栽培模式 在武汉等地应用，通常选用鄂莲1号、鄂莲5号、鄂莲7号、鄂莲10号等早熟品种。

第1年：3月中旬至4月上中旬大田定植，7月中下旬采收。采收时，大藕上市，小藕留地重栽，或按照一定行株距保留植株不采挖，留地继续生长。重栽或留株密度一般为行距1.5～2米，株距0.8～1.2米。重栽或留株长成的藕，留地越冬，作为第2年的种藕。

第2年：第1年留地越冬的藕返青生长，长出新藕。由于春季未重新定植，加之植株密度较大，因而不仅萌发较早，结藕也早，早期产量也较高。新藕（青荷藕）一般6月中下旬始采，持续至7月下旬，甚至更晚。采收与留种方式与第1年相同，也是大藕上市，小藕重栽，或按一定密度保留植株不采挖。重栽或留株的密度，也与第1年相同。

第3年及其以后各年：采收、留种、管理均与第2年相同。返青早熟栽培模式适宜于长江流域及其以南地区，只是在南方地区应用时，季节更为提早。该模式是目前市场上青荷藕（早熟新藕）的主要生产方式。

3. 莲藕双季栽培模式 莲藕双季栽培模式的栽培品种和栽培方式与莲藕返青早熟栽培模式相同，只是夏秋季长成的第2季莲藕，在秋冬季至翌春采收上市。为了获得较高的第2季莲藕产量，需要提高施肥水平。武汉地区大约在1996年前开始采用莲藕双季栽培（图1-14）。莲藕双季栽培模式主要适用于长江以南地区，目前，以广西柳州市柳江区规模最大，常年面积3 000～4 000公顷。柳州地区莲藕双季栽培时，第1季莲藕（春藕）一般在2月下旬至3月中旬定植，6月下旬采收，产量为1 500千克/亩；第2季莲藕（秋藕）于7月下旬定植，10月上旬至翌春定植前采收，产量为1 200千克/亩。近几年，广西柳州市技术人员还提出了“三季莲藕栽培模式”，即第1季莲藕（春藕）2月中下旬定植，5月上中旬采收；第2季莲藕（夏藕）5月上中旬定植，7月中旬采收；第3季莲藕（秋藕）7月中旬定植，10月上旬至翌春定植前采收。

4. 莲藕延迟采收栽培模式 该模式在湖北、湖南等地应用较多。该模式栽培方式可以是“浅水栽培”或“深水栽培”，要点是“深水越冬”技术，简称“深水越冬，延迟采收”。在长江中下游流域，5 月中旬至 6 月中旬是市场莲藕供应断档期，该模式的主要作用是填补断档期。采用该模式的田块要求水深调节便利，并且冬春季节能保持水深 1.2～1.5 米。莲藕成熟前，按照常规技术栽培莲藕，越冬前藕田灌 1.2～1.5 米深水。越冬后，利用水体底层低温，延缓留地莲藕萌发（图 1-14）。对于已经萌发长出的浮叶，及时摘除，也可起到延缓萌发的作用。至翌年 5 月上旬至 6 月中旬排水，边采挖上市，边进行大田定植。深水湖塘或鱼塘种植的深水莲藕，也可以采用该模式。

图 1-14　深水越冬，延迟采收模式

注：2014 年 5 月 26 日，图中藕塘岸边未淹水处已经抽生大量立叶，藕塘中间仅出现少量浮叶。

（三）莲藕—水生作物轮作模式

1. 莲藕—水稻轮作模式　有 2 种模式。其一，莲藕腾地。在湖北等长江中下游地区，选用早熟莲藕品种，3 月中下旬至 4 月上中旬定植，7月中下旬之前采收；之后栽插晚稻，晚稻于10月中下旬采收。其二，莲藕不腾地。莲藕于3月底至4月上旬定植，7月中旬水稻育秧，8月上旬直接在莲藕田抛栽稻秧（秧龄15～20天，叶龄3.5～4.5叶），实行莲藕田套种水稻。水稻收割后，采收莲藕。该模式在广西有应用。

2. 莲藕—荸荠（慈姑、水蕹菜、豆瓣菜、水芹）轮作模式 选择早中熟莲藕品种，3月中下旬至4月上中旬大田定植，后茬接荸荠（或慈姑、水蕹菜）的，宜于7月中旬前采挖完毕，之后定植荸荠（或慈姑、水蕹菜）。长江中下游地区，秋栽水芹一般8月下旬至9月中旬大田定植，豆瓣菜（西洋菜）10月初定植，莲藕田腾地时间也可相应延迟，而且不影响接茬作物采收（图1-15）。

图1-15　莲藕—二季莲藕（荸荠、慈姑、水芹）轮作栽培模式

（四）莲藕—旱生作物水旱轮作模式

“莲藕—旱生作物轮作模式”中，莲藕腾地时期灵活而且时间跨度大，主要技术原则是莲藕采挖及腾地时期不影响接茬作物的栽培生产，同时也不影响下一年度莲藕栽培。可选择的旱生作物种类

很多，如10月中下旬定植、11月至翌年2月采收的红菜薹；10～11月直播、12月至翌年3月采收的菠菜；9月下旬至10月初播种的紫云英绿肥。其他旱生蔬菜如萝卜、小白菜、白花菜、莴苣、芹菜、菠菜、雪里蕻等，在莲藕采挖完毕后也很容易进行茬口配置。湖北省农业厅肖长惜研究员建议，湖北等长江中下游地区莲藕田，若能在9月上中旬至10月下旬腾地，则可播种油菜，翌年3～4月莲藕大田准备时，直接翻压油菜植株作绿肥。以油菜用作莲藕田的绿肥，仅从种子成本比较，每亩就比紫云英减少35～50元。对于克服旱地，特别是栽培设施内的土壤盐渍化、病虫草害加重等问题，采用水旱轮作模式，是非常有效的途径。水旱轮作的作用主要体现在改良土壤结构、促进土层间养分的重新分配、提高土壤养分利用率、消除或减轻病虫草害、提高农产品产量和品质等方面。在种植旱生作物之前，开沟沥水是水旱轮作的重要环节。

（五）莲藕—鱼（泥鳅、黄鳝、小龙虾等）种养结合模式

1. 莲藕—鱼种养结合模式　莲藕田（籽莲田也适用）适宜养殖的种类包括鲫鱼、草鱼、鲤鱼、鲶鱼、鳊鱼、罗非鱼、黑鱼、泥鳅、鳝鱼等。进行种养结合的田块，宜进行田埂加高、加宽、加固，通常要求田埂宽不少于1米，高0.4～0.5米及以上。要修建进、排水口，并在进、排水口处修建防逃设施。此外，还要开挖鱼沟和鱼溜。鱼沟的作用是便于鱼在田间活动和鱼群往鱼溜聚集。鱼沟开挖于田块内，鱼沟宽50～60厘米、深30厘米，鱼沟间间距5米，网络状分布，相互贯通，并与鱼溜连通。鱼溜是鱼群聚集场所，便于集中投喂饵料或捕捞。鱼溜形状可为方形、长方形或圆形，深0.8～1米。鱼沟和鱼溜总面积以大田面积的10%为宜，其中鱼溜占总面积比例的2%～3%为宜。拟进行种养结合的田块，宜结合整地，采用生石灰（75～100千克/亩），或茶籽饼（10～15千克/亩），或漂白粉(6～7千克/亩）进行田间消毒。养殖食用鱼时，鱼种规格要求5厘米以上，放养前宜用3%食盐水浸浴8～10分钟消毒，并可根据鱼的食性，按一定比例混养。如期望成鱼产量为50～100千克/亩，则主养鲤鱼时，每亩放养鱼种200尾，

其中鲤鱼占40%、草鱼和罗非鱼各占30%；主养罗非鱼时，每亩放养鱼种300尾，其中罗非鱼占70%、草鱼和鲤鱼各占15%。主养黑鱼等凶猛的肉食性鱼类时，其他鱼类宜作为饵料鱼。养殖泥鳅时，可每亩放养3～4厘米泥鳅苗（寸片）3 000尾。养殖鳝鱼时，每亩放养20～30尾/千克规格鳝苗800～1 000尾。莲藕田养殖泥鳅、黄鳝时，对田间设施要求较低，鱼沟、鱼溜等可不做要求。为了提高套养鱼产量，应注意调控水质和饵料的投喂。以鲢鱼、鳙鱼等滤食性鱼类为主体鱼时，定期施有机肥、化肥以培养浮游生物；以草鱼、鲤鱼、鲫鱼、罗非鱼、泥鳅、鳝鱼、黑鱼等草食性、杂食性或肉食性鱼类为主体鱼时，定期注水，调控水质；草鱼和鳊鱼等以青饲料为主；泥鳅可以投喂畜禽内脏、猪血、鱼粉、米糠、麸皮、豆腐渣及人工配合饲料等；鳝鱼喜食鲜活饵料，如各种昆虫及其幼虫、蚯蚓、小鱼虾、蚕蛹、蝇蛆、螺蛳、蚌蚬、大型浮游动物、畜禽内脏及蝌蚪等。同时，做好鱼病防治，也要防止误用农药对鱼的伤害。

2. 莲藕—小龙虾种养结合模式 江苏宝应县农民陈喜育学习掌握了莲藕田套养小龙虾技术，一般单产40千克/亩，在当地规模化推广应用。技术要点包括：①藕田选择。以采用“返青早熟栽培模式”的田块较为适宜，并开挖围沟（宽2米、深1米），筑围埂（高1米、顶宽1.5米、底宽3米），设置防逃网或防逃板（高30厘米）。②小龙虾放养季节。7月下旬至8月底投放种虾，规格为20～30克/只以上，雌雄比例为3∶1，投放量7.5～10.0千克/亩，或6月下旬投放虾苗，规格为5～10克/只。放养种虾前7～10天，用新鲜生石灰75千克/亩或茶籽饼10～15千克/亩对藕田消毒。③田间管理。保持水深30～50厘米，定期补水，3～4月加深约10厘米，虾壳大批脱落时不冲水；围沟内种植伊乐藻、金鱼藻等沉水植物，人工补偿投喂饵料。秋冬季水温低于12℃时，停止投喂饵料。越冬后，随着小龙虾逐渐出洞活动，适量投喂饵料，而且随着田间小龙虾数量的增加，及时增加饵料投喂量。④捕捞。以虾笼和地笼网捕捞，2～3月开始捕捞，3月中下旬至5月上中旬集中捕捞，5 月中旬前捕净或杀灭干净。湖北潜江、荆门等地在“莲藕—小龙虾种养结合模式”中，一般以 20 亩以上面积为一个单元，沿莲藕田埂外缘向田内 5～6 米处开挖围沟，沟宽 3～4 米，沟深 1～1.2 米，坡比 1∶1.5。一个藕田单元面积若达到 50 亩以上，则在池中间开挖“一”字形或“十”字形沟，沟宽 1～2 米，沟深 0.8 米。

（六）莲藕（莲子、莲花）—乡村文化旅游体验模式

乡村文化旅游体验模式实际上超出了种植技术模式的范畴。莲的种植技术历史悠久，适应性强，种植技术相对简单，产业规模大，花大、叶大、景观时空最大，文化底蕴十分丰厚，是将社会效益、经济效益、生态效益和文化效益结合得最为紧密和完美的一类作物。许多产区以莲藕或莲子为主，辅以花莲（莲花、荷花）或睡莲，打造“莲—乡村文化旅游体验模式”，接待游客参观、旅游和文化体验，成为产区增收致富途径之一。近 30 年内，全国有 31 个省（直辖市、自治区及特别行政区）的 200 多个地点，共举办过 1 000多届以“文化莲”为主题的节庆活动，为当地农业增效、农民增收发挥了重要作用。

六、莲藕田有机肥料施用技术

（一）有机肥料的定义

“有机肥料”通常简称“有机肥”。指主要来源于植物和（或）动物、施于土壤以提供植物营养为其主要功效的含碳物料，包括以各种动物、植物残体或代谢物组成的肥料，如粪尿肥、动物残体、屠宰场废弃物、秸秆等，也包括饼肥、堆肥、沤肥、厩肥、沼气肥、海肥、绿肥等。人们常说的“农家肥”是指农家就地取材，自行积制的各种肥料，多为有机肥料。

目前，莲藕田应用的有机肥料来源广、数量大，主要包括畜禽粪尿类、沼气发酵肥、标准化有机肥料、饼肥及绿肥类。我国每年产生的畜禽粪污总量约有 40 亿吨（2019 年）。

（二）有机肥料的主要作用

土壤施用有机肥料的主要作用包括提高土壤有机质水平、提供

土壤养分、改善土壤物理性状、增加土壤保水保肥能力、改良土壤通气状况、提高土壤微生物活性、促进土壤养分良性循环等。浙江大学的徐秋桐等（2016）曾用常见有机肥料对新复垦耕地进行改良试验，有机肥料年用量 2 000 千克/亩（以干物质计），连续 3 年定点试验。结果表明，施用猪粪、鸡粪、水稻秸秆、蔬菜收获残留物、城市污泥、沼渣、猪粪/水稻秸秆堆肥、生活垃圾堆肥等有机肥，对改善土壤肥力均有明显的作用，还包括提升土壤碳库管理指数（以施用猪粪、鸡粪、猪粪/水稻秸秆堆肥、水稻秸秆和沼渣的效果最为显著）、增加土壤水稳定性团聚体和降低土壤容重（以施用猪粪/水稻秸秆堆肥和沼渣的效果最佳）、增强土壤保蓄能力（以污泥、猪粪/水稻秸秆堆肥和生活垃圾堆肥等效果较好）、增加土壤有效态养分（以猪粪、鸡粪和猪粪/水稻秸秆堆肥效果最明显）、提高土壤微生物数量和酶活性（各类有机物均有显著效果）。总之，对土壤肥力的改善效果由大至小依次为猪粪/水稻秸秆堆肥＞鸡粪＞猪粪＞沼渣＞生活垃圾堆肥＞水稻秸秆＞城市污泥＞蔬菜收获残留物。长期施用污泥、生活垃圾堆肥及畜禽粪存在着土壤重金属污染的风险，但短期施用对土壤环境质量影响不明显。对土壤的相对污染程度由大至小依次为城市污泥＞生活垃圾堆肥＞猪粪＞鸡粪＞沼渣＞猪粪/水稻秸秆堆肥＞蔬菜收获残留物＞水稻秸秆。

（三）有机肥料的施用原则

具体原则包括：①长期施用有机肥料，维持和提高土壤肥力。②有机无机相结合。针对有机肥料养分含量低、释放缓慢的特点，与无机速效肥配合使用，长短互补，缓急相济，满足农作物生长需求，实现用地和养地相结合。③提高有机肥料品质。通常，有机肥料应充分腐熟，以提高肥效。在积制、保存和施用过程中，要防止肥料养分特别是氮素养分的流失。④强化无害化处理。在有机肥料的积制过程中，要彻底杀灭对作物、畜禽和人体有害的病原菌、寄生虫卵、杂草种子等，清除薄膜等杂物，严格控制重金属、抗生素、农药残留等有害物质，保障农产品安全生产，达到对环境卫生无害。

（四）有机肥料的适宜施用方法

有机肥料施用应符合 NY/T 1868—2021《肥料合理使用准则 有机肥料》的规定，有机肥料一般宜作为基肥施用。对于莲藕栽培，宜在莲藕定植之前，结合整地，将有机肥料施入后再耕翻入泥。

（五）莲藕田有机肥料“推荐施用量”的确定

实际上，很难确定单位面积莲藕肥料施用量的具体数值，合理的施用量应综合考虑肥料性质（养分含量、C/N、腐熟程度等）、土壤肥力水平和理化状况、气候条件、植株生长发育动态及栽培模式等因素。根据有关研究结果，按照下列步骤推算：

（1）三大元素的“元素施用量” 以土壤肥料肥力水平中等，预期莲藕产量 2 000 千克/亩，三大主要元素的“元素施用量”按氮（N）25 千克/亩、五氧化二磷（P_2O_5）10 千克/亩、氧化钾（K_2O）20 千克/亩计算。

（2）有机肥料“最大施用量” 根据有机肥料氮、磷、钾 3 种主要元素的含量（分别以氮、五氧化二磷、氧化钾含量计），分别计算满足这三种主要元素“元素施用量”有机肥料的施用量，以其中的最小值作为每亩有机肥料“最大施用量”参考值。之后，在该参考值基础上，确定有机肥料的“推荐施用量”。

（3）不足“元素施用量”的补足 核定“推荐施用量”后，对“元素施用量”仍然不足的部分，配合施用化学肥料补足。

在确定推荐施用量及配合施肥方案时，在已知的变化幅度内，相近的施肥量尽量保持一致，便于实际操作。

（六）莲藕田有机肥料“推荐施用量”及配合施肥方案

1. 普通有机肥料“推荐施用量”及配合施肥方案 根据《中国有机肥料养分数据集》的数据，莲藕田常用的几种普通有机肥料“推荐施用量”及配合施肥方案见表 1-2 和表 1-3。

表 1-2 干鸡粪等有机肥料的莲藕田推荐施用量（以烘干基计算）及配合施肥方案

有机肥料名称	N含量（%）	P_2O_5含量（%）	K_2O含量（%）	推荐施用量（千克/亩）	配合施肥（千克/亩）
鸡粪	2.137	2.013	1.837	400	追肥：尿素40、硫酸钾25
鸭粪	1.642	1.802	1.517	400	追肥：尿素40、硫酸钾25
豆饼	6.684	1.008	1.429	400	基肥：过磷酸钙30；追肥：硫酸钾25
菜籽饼	5.25	1.83	1.255	400	追肥：尿素10、硫酸钾25
花生饼	6.915	1.253	1.159	400	基肥：过磷酸钙30；追肥：硫酸钾25
棉籽饼	4.293	1.239	0.916	400	基肥：过磷酸钙30；追肥：尿素20、硫酸钾30

注：磷、钾含量原始数据为单质含量，本表数据是折算数据，其中单质磷折算成P_2O_5的系数为2.29，单质钾折算成K_2O的系数为1.20。表1-3同。

表 1-3 猪粪尿等有机肥料的莲藕田推荐施用量（以鲜基计算）及配合施肥方案

有机肥料名称	N含量（%）	P_2O_5含量（%）	K_2O含量（%）	推荐施用量（千克/亩）	配合施肥（千克/亩）
猪粪尿	0.238	0.169	0.206	4 000	追肥：尿素35、硫酸钾20
牛粪尿	0.351	0.188	0.507	4 000	追肥：尿素25
鸡粪	1.032	0.946	0.864	800	追肥：尿素35、硫酸钾20
鸭粪	0.714	0.834	0.659	800	追肥：尿素40、硫酸钾25
沼渣	0.109	0.044	0.106	4 000	基肥：过磷酸钙50；追肥：尿素50、硫酸钾25
沼液	0.499	0.495	0.245	2 000	追肥：尿素35、硫酸钾25

根据表1-3养分含量数据计算，莲藕田沼渣施用量可达20 000千克/亩，如果以20 000千克/亩计算，则氮磷钾养分含量基本可以满足莲藕的生产需求。但是，在实践中没有类似的用量

事例。根据农业行业标准 NY/T 2065—2011《沼肥施用技术规范》，沼渣宜作基肥，一般作物的沼渣年参考施用量为 1 500～3 200千克/亩。根据已有生产经验，将沼渣的推荐使用量确定为 4 000 千克/亩。

根据农业行业标准 NY/T 2065—2011《沼肥施用技术规范》，蔬菜栽培中，沼液宜与化肥配合施用，用作追肥。根据氮磷钾含量数据估算，莲藕田中 2 000 千克/亩的推荐施用量是比较合理的，可以用作基肥。实践中的施用量有达到 4 000 千克/亩以上的，但易导致磷用量偏高。

2. 标准化有机肥料的推荐施用量及配合施肥方案 标准化有机肥料专指符合 NY 525—2012《有机肥料》规定的肥料。如果总养分含量值选取该标准规定的下限值，N、P_2O_5、K_2O 含量以主要原料为依据（不考虑有机肥料加工生产过程中秸秆类等其他添加物的影响），其比值以《中国有机肥料养分数据集》中所列烘干基含量推算，几种常见原料加工成标准化有机肥料后，莲藕田推荐施用量及配合施肥方案见表 1-4。

表 1-4 以畜禽粪尿为主要原料的标准化有机肥料莲藕田推荐施用量及配合施肥方案

有机肥料主要原料	有机肥料推荐施用量（千克/亩，鲜基）	配合施肥（千克/亩）
猪粪	400	追肥：尿素 40、硫酸钾 25
猪粪尿	400	基肥：过磷酸钙 25；追肥：尿素 40、硫酸钾 25
牛粪	400	基肥：磷酸钙 25；追肥：尿素 40、硫酸钾 25
牛粪尿	400	基肥：过磷酸钙 25；追肥：尿素 40、硫酸钾 25
鸡粪	400	追肥：尿素 40、硫酸钾 25

另外，根据部分厂家生产的“有机肥料”检测报告（检测结果均符合 NY 525—2012《有机肥料》规定）实例计算的有机肥料推荐施用量及配合施肥量结果见表 1-5。

表 1-5　标准化有机肥料的莲藕田推荐施用量及配合施肥方案实例

有机肥料主要原料	N(%，干基)	P_2O_5(%，干基)	K_2O(%，干基)	干物质(%，鲜基)	有机肥料推荐施用量(千克/亩，鲜基)	配合施肥(千克/亩)
鸡粪（1）	2.20	2.40	2.00	75.40	500	追肥：尿素 40、硫酸钾 25
鸡粪（2）	2.80	3.00	1.70	75.50	400	追肥：尿素 40、硫酸钾 25
猪粪尿	2.90	5.10	3.10	79.50	200	追肥：尿素 50、硫酸钾 25
某品牌"有机肥料"	1.08	2.41	2.79	82.81	250	基肥：过磷酸钙 25；追肥：尿素 60、硫酸钾 25
					400	追肥：尿素 50、硫酸钾 20
					500	追肥：尿素 50、硫酸钾 15

3. 几个问题

（1）*注意基肥与追肥的配合及施肥时期*　上述施肥方案中，①基肥：包括有机肥料的推荐施用量、配合施肥中按需要补充的过磷酸钙，均宜用作基肥，一次性施入。另外，在施用基肥时，建议加施硼砂 1.0 千克/亩（或硼酸 0.5 千克/亩）、七水硫酸锌 1.0～1.5 千克/亩（或一水硫酸锌 0.5～1.0 千克/亩）。②追肥：配合施肥中按需要补充的尿素和硫酸钾肥，分 1～2 次追肥。如长江中下游地区可以在 5 月中旬、6 月中旬前后各追肥一次。其中，尿素每次不超过 25 千克/亩，硫酸钾肥宜以莲藕开始结藕前施入为主。③莲藕田施用有机肥料时，建议每3年施用一次新鲜生石灰，用量宜为每次 50～75 千克/亩。

（2）*现有"标准化有机肥料"差异较大*　现有标准化有机肥料主要养分含量差别较大，对推荐施用量影响也大。农业行业标准

《有机肥料》2012 年版和 2021 年版均规定“总养分（$N+P_2O_5+K_2O$）的质量分数（以烘干基计）”，没有要求标注 N、P_2O_5、K_2O 各分项养分含量值。生产应用中，标准化有机肥料的施用量常在 400～500 千克/亩以上，因施用量较大，含量百分数的较小变化对总的元素施用量都有较大影响，不利于施肥精准度的提高。不过，总体上讲，莲藕田大致施肥量宜为每亩施用标准化有机肥料 400～500 千克，配合施用尿素 40～50 千克和硫酸钾 20～25 千克。

（3）*施肥量要因地制宜地进行调整* 如何在保障人的安全、环境质量安全及农产品质量安全和经济产量的前提下，在农田最大量施用消解养殖场排泄物和农作物秸秆是一个有待进一步系统和深入研究的课题。本文给出的有机肥料推荐施用量是在比较理想状态下的推算结果，其效果会受到产区环境、莲藕品种、莲藕栽培技术习惯、莲藕栽培模式及有机肥料批次（不同来源，氮磷钾等元素含量不一样）等诸多因素影响，使用者应根据实际应用效果进行调整。另外，也要考虑成本因素。如表 1-5 中，根据某品牌“有机肥料”检测结果，设计的 250 千克/亩、400 千克/亩及 500 千克/亩 3 种有机肥料用量及相应的配合施肥方案中，氮磷钾 3 种主要元素的总施入量基本相同，都是可行的，但每亩的肥料总成本却有较大差异。

七、莲藕栽培机械

（一）莲藕田耕整机械

莲藕田耕整机械与水稻田耕整机械相同，其作用是耕翻土层、松碎土壤、改善土壤结构、覆盖残茬和肥料、田间土壤平整、消灭虫害等。旱地改莲藕田，或水稻田改莲藕田，第一年宜犁耕 25～30 厘米。之后的莲藕田内，产品入泥深度一般为 30～50 厘米，采挖产品的过程就相当于对土壤进行了犁耕，下一季定植前只需旋耕、平整即可。莲藕田与水稻田不同。水稻田一般犁耕深度 16～20 厘米，旋耕深度约 12 厘米，通常连续旋耕 2～3 年后进行一次犁耕或深松。莲藕田常用机耕船旋耕，也可使用打浆机。水田打浆机用于水田地起浆、埋茬，可一次性完成耕、耙、平等多项作业，起浆均匀、泥浆精细、泥面平整、压草彻底（图 1-16）。

机耕船

打浆作业

图 1-16 适宜莲藕田的耕整机械

（二）莲藕田施肥机械

莲藕栽培中，施肥分为施基肥和施追肥。莲藕基肥种类包括有机肥和化肥。其中，化肥和部分有机肥可以借鉴水稻机械施肥方式，即结合耕整地机械作业。在耕整机具上安装肥料箱及相应的排肥装置，在耕整地的同时，将装在肥料箱中的肥料施于前道犁沟内，随即翻垡深埋入土。整地作业后，将肥料均匀混合于土壤中，达到深施肥目的。实行这种水田耕整施肥前，宜保持水深 1～2 厘米。采用这种施肥方式，施肥深度一般为 6～10 厘米，能做到施肥均匀，深浅一致。

采用机耕船拖带小船的方式施用基肥，效率也很高。具体做法是：将肥料装于小船内，以机耕船拖带，2 人在小船内抛洒肥料。采用该方法，3 人一组（1 人驾驶机耕船、2 人抛洒肥料），每天可完成 7 公顷以上大田的基肥施用。施肥后，用机耕船将肥料翻埋入泥。不过，因为肥料抛撒作业依赖人工，要做到均匀抛撒，则需要一定的实践经验。如若能在装载肥料的船体上安装机械抛撒装置，则肥料抛撒可以更为均匀。

施用追肥时，立叶已经长出，甚至接近封行或已经封行，如果单纯依靠人工，不仅作业困难、劳动强度大，而且施肥质量和效率均不易保障。河南范县有人设计出莲藕田撒肥机，用于颗粒状化学肥料撒施，效率高，在当地应用普遍。该撒肥机整套装置重量较轻，体积较小，转运和安装简便，不需要人工下田作业。撒肥机基本组件为一套柴油机水泵机组、一个肥料箱、一个整合框架及配套水管等。作业时，肥料经由肥料箱底的阀门，通过输肥管输出，在水泵进水口与水混合，之后一并经由水泵进水管进入水泵，由水泵出水管输出。因水泵出水管末端设置了喷头，口径变小，出水压力加大，可以将水肥混合物抛撒较远距离，一般可达约 20 米。为了防止肥料滞留叶片上，导致伤害，在撒施肥料后要立即用清水冲洗一遍（图 1-17）。

图 1-17　莲藕田肥料撒施机械

（三）莲藕田喷药机械

莲藕田喷施农药，传统做法是采用手动或机动背负式喷雾器，人工下田喷药。莲藕田喷药机械基本要求是行走、转运方便，喷射距离 15～25 米。满足这一要求的喷药机械较多，与城市园林绿化、果园、大田作物等喷药机械同用。近年来，部分地区农户在莲藕田中还采用了无人农用机喷药。

（四）莲藕田排灌机械

在莲藕生长季节，一般情况下，即便是暴雨季节，只要水深没有淹没立叶叶片，就可以不进行抽排，而是让田间水位通过植株蒸腾、水面蒸发和田间渗漏等途径逐渐降低。特别是浅水莲藕田，因田埂较矮，只要不是区域性洪水，莲藕的立叶叶片通常不会被淹没。只有莲藕田间缺水时，则可能需要机械抽水灌溉；采挖莲藕时，或因暴雨洪涝导致积水较深的莲藕塘立叶被淹没，需要机械抽排。通常的灌溉设备就是常见的农用水泵机组。

（五）莲藕采挖机械

湖北等地农村有一句俗语，“男人五活只有三宗苦，下塘挖藕第一苦”。意思是“下塘挖藕”对男性来讲是最辛苦的“活计”。采挖莲藕通常是男性从事的劳动，是目前种植业中最辛苦的一宗农活。入泥较浅的浅水莲藕，人工采挖时，每亩泥土翻挖量达 200～330 米^3，平均每人工每天翻挖泥土约 25 米^3。莲藕采挖机械化是莲藕栽培中最为迫切的需求。

目前，莲藕机械采挖实质上就是采用高压水冲挖采收，其基本原理是应用高压水切割、破碎、冲刷莲藕产品周围土壤，让莲藕自行浮出水面或借助人工取出。因其直接起作用的冲挖部件是高压喷头（或称水枪），因而农民通常将机械采挖的莲藕称为“水枪藕”。相应地，人工采挖后带泥的莲藕称为“泥藕”或“毛藕”，人工采挖后洗除泥土的莲藕称为“洗藕”。相比人工采挖而言，机械采挖不仅劳动强度降低，而且劳动效率大大提高。

在莲藕采挖机械的研制应用方面，我国经历了近 30 年时间，但近 10 年来发展较快，应用规模不断扩大，莲藕采挖机械的式样也不断丰富。挖藕机的装置组成主要包括浮栽装置、动力装置、高压水泵、分水器和高压喷头（喷嘴，水枪）、操控装置、行走装置等。其中，动力装置（分为柴油机、汽油机和电动机）和高压水泵通常组成水泵机组，浮载装置可分为船式和浮筒式。实际应用中，有时只采用挖藕机装置中的最基本组成部分，即“水泵机组＋水管＋高压喷头”。单台挖藕机的高压喷头数量，少者 1 个，多者达 28 个，高压喷头个数越多，则挖藕机结构越复杂。目前，实际应用中的挖藕机在动力、水深适应性、采挖效率等方面也出现很大差别（图 1-18）。

现在，机械采挖莲藕过程中，仍需人工下田手持喷头（高压水枪）采挖，或下田操控采挖机采挖，或下田配合作业，挖藕工的工作环境与人工采挖相比，基本没有改善。特别是北方地区冬季采挖莲藕，严寒和冰冻使得作业环境显得更为恶劣。另外，机械采挖过程中，高压水裹带泥沙，作用在莲藕表面时，往往对表皮产生损伤，导致产品品质降低，或种藕质量降低。如何进一步改进或克服莲藕机械采挖中存在的问题，则需要进一步研究。

未来莲藕采挖机械性能，应该包括几个方面：①能适应不同季节变化和天气变化；②能适应不同水深（15～180 厘米）；③能适应较深的产品入泥深度（50 厘米以上）；④能够自动行走，具有较好的操控性能和舒适性，自动化、智能化及便利化程度较高，做到莲藕采挖操作人员不下水作业；⑤能够自行收集采挖的产品；⑥采挖的产品具有较高的完好率，藕表皮破损率和芽头损伤率低；⑦尽可能实现挖藕机功能多样化。如果藕田设施完善，按照一定间隔（譬如 5～8 米）建设固定轨道或硬化田埂，以之作为采挖藕机械的行走轨道，实现轨道式行走采挖，则可能更为省力、高效和便利。

山西左权县麻田镇农民使用的简易挖藕机（5个分水喷头）

大型莲藕采挖机（分水器外接喷头28个）

自走式挖藕机

图 1-18　莲藕挖藕机实例

第二节 籽莲栽培技术

籽莲，也写作子莲，以莲子为主要产品器官的一类莲品种。莲子不仅营养价值极高，而且有很好的药用价值，在我国历来被视为“药食同源”（既是食品又是药品）物质，为滋补佳品。我国是籽莲的主要生产国家，全国种植面积6万～7万公顷，主要产区在湖北、江西、湖南、福建、浙江、安徽等省，长江流域及其以南的其他省份也有一定规模。其中，湖北省籽莲面积最大，约占全国总面积的60%。近些年，北方的山东、河南等黄淮流域地区也进行了规模化引进种植。泰国、越南、柬埔寨等东南亚国家也有少量栽培。在国际农产品贸易中，我国的莲子是典型的传统、特色、优势农产品。

关于籽莲，农民朋友经常问到2个问题：①生产上应选择哪些籽莲品种？②如何提高籽莲种植效益？

一、籽莲品种

传统上，业界通常根据来源，用来源地作为籽莲品种群命名分类。

其一为“湘莲”，为湖南省（简称“湘”）籽莲品种的统称，也指湖南出产的籽莲产品。传统“湘莲”品种较多，如湘潭‘寸三莲’、衡阳‘乌莲’、桃园‘九溪红’、汉寿‘水鱼蛋’、益阳‘冬瓜莲’、华容‘荫白花’、安乡‘红莲’等。湖南地区选育的籽莲品种‘寸三莲65’‘湘莲1号’和‘湘潭芙蓉莲’等也属于“湘莲”。目前，“湘莲”品种主要种植区在湖南（湖北等地曾经以“湘莲”为主栽品种，但经过10多年的品种结构调整，“湘莲”种植面积已经非常小了）。湖南湘潭县的花石镇、中路铺镇、易俗河镇是加工“湘莲”的集中地，从事“湘莲”加工的企业和人员众多，是国内最大规模的“湘莲”产品集散中心，主导着全国的“湘莲”加工品市场。

其二为“赣莲”，为江西省（简称“赣”）籽莲品种的统称，也指江西出产的籽莲产品。传统“赣莲”的代表性品种有江西广昌县的‘广昌白花莲’和‘广昌百叶莲’。还有新选育的品种如‘赣莲 85-4’‘赣莲 85-5’‘赣莲-62 白莲’‘太空 1 号’‘太空 2 号’‘太空 3 号’‘京广 1 号’‘京广 2 号’‘太空 36 号’‘星空牡丹莲’等。目前，“赣莲”中应用最广的品种为‘太空 36’。“赣莲”加工品以通心白莲为主，传统主产区为江西广昌县。

其三为“建莲”，为福建省建宁县（简称“建”）籽莲品种的统称，也指建宁出产的籽莲产品。传统代表品种为‘西门莲’。新选育品种如‘建选 21’‘建选 17’‘建选 35’。目前应用较广的是‘建选 17’和‘建选 35’。“建莲”加工品也以通心白莲为主，与江西广昌县类似。建宁县自 20 世纪 90 年代起，在莲子深加工方面做了大量工作，已形成一批龙头企业，开发出速冻鲜莲、莲子露、莲子婴儿米粉、即食莲子等系列产品。

太空36

鄂籽莲1号（满天星）

建选17

建选35

图 1-19　常见籽莲品种

另外，浙江省地方品种包括产于原宣平县（现属浙江省武义县南部）的‘宣莲’和龙游县的‘志棠白莲’，新选育品种有‘金芙蓉1号’等；湖北省新选育品种有‘鄂籽莲1号’（满天星）。

上述品种中，部分传统品种已经被淘汰或限于局部种植，部分新选育品种也已经更新换代。我国种植面积最大、种植范围最广的是“赣莲”的太空系列籽莲品种（以‘太空36’居多）；近年来，“建莲”系列品种推广应用范围和规模也在不断扩大，而且速度很快。湖北省规模化种植的籽莲品种，除‘太空36’外，还有‘建选17’‘建选35’及‘鄂籽莲1号’等（图1-19）。

二、籽莲主要产品形态

湖北等籽莲产区一般实行一次定植，连续3～4年栽培。以籽莲产品形态划分，主要有以下几种：

1. 新鲜莲蓬 新鲜莲蓬以鲜食为主，要求味甜肉脆、籽粒饱满、新鲜色绿。目前，湖北地区以‘太空36’‘鄂籽莲1号’及‘建选35’等品种为主。在武汉等大中城市近郊，采收新鲜莲蓬的比例较大。根据市场行情、劳动力情况及距离市场远近等因素确定采收季节长短，湖北地区7～10月皆有新鲜莲蓬采收上市。在一个栽培季节内，可以全期采收鲜食莲蓬，也可以前期采收鲜食莲蓬，后期采收枯莲子（老熟壳莲），比较灵活。为了保持莲子的新鲜，一般在上市前一天的下午或当天凌晨采收。因为鲜食莲蓬消费群体主要为城市居民，价格较高，效益明显。近年来，鲜食莲蓬的田头批发价约为12元/千克，鲜食莲蓬销售的地域范围也在不断扩大。

2. 枯莲子（老熟壳莲） 湖北省、湖南省等籽莲产区以采收枯莲子为主，人工脱壳或机械加工磨皮莲。江西省、福建省及浙江省等地以采收黄熟期莲子为主，目的是加工通心莲。枯莲子采收晒干后，可以较长时间贮藏；加工通心白莲为主的黄熟期莲子采收后，应及时加工。

3. 藕带 以湖北、湖南等产区为主。因为实行“一次定植，连续3～4年栽培”的模式，从定植翌年开始，田间存留的种藕数量较多，为定植用种量的 5～12.5 倍，导致田间植株密度过大，需要疏苗。在湖北籽莲产区，一般于 6 月下旬之前，通过采收藕带的方式疏苗。实际上，籽莲藕带是籽莲栽培过程中的副产品，除采收人工外，无需额外增加投入。通常，可以采收藕带 100 千克/亩以上，增加产值 1 000 元以上。籽莲种植田的藕带，往往是市场销售藕带的主要来源。

4. 籽莲藕 籽莲的膨大根状茎即莲藕（为了与一般藕莲区别，这里称为“籽莲藕”），通常体形较小，产量较低，常被忽略。但是，籽莲藕炖煮易粉、香气浓郁，特别是元旦至春节期间颇受部分消费者欢迎，价格也更高。籽莲藕在部分市场上是以“野藕”名义销售的，实际上籽莲藕的主要营养成分含量、安全质量与野藕或其他莲藕品种没有本质的区别。笔者曾经调查，当普通藕莲零售价为 6 元/千克时，籽莲藕零售价达 10 元/千克，籽莲藕比普通藕莲价格高 60%以上。一般情况下，籽莲田可采籽莲藕 400～600 千克/亩。入冬后，采用“间伐”方式采挖籽莲藕，不仅进一步提高种植效益，而且也起到籽莲田疏苗的作用。此外，籽莲藕也可用于生产藕粉。

5. 农旅产品 “莲—鱼（泥鳅、黄鳝、小龙虾等）种养结合模式”和“莲—乡村文化旅游体验模式”等也适用于籽莲，有利于提高籽莲的种植效益。籽莲一般开花量累计可达 4 000～6 000 朵，群体花期可持续 100 天以上，景观价值高。例如，湖北省武汉市江夏区法泗街是籽莲传统种植区，以籽莲种植为核心，建设宜居、宜业、宜游的生态荷花小镇，吸引众多城市居民参与乡村文化旅游体验。

三、籽莲出现死花死蕾和空壳莲子的主要原因及其克服措施

在籽莲产区常见死花死蕾和空壳莲子（图 1-20），这种现象的直接结果是减产。

1. 品种习性 目前，生产上主要应用的籽莲品种不多，南北

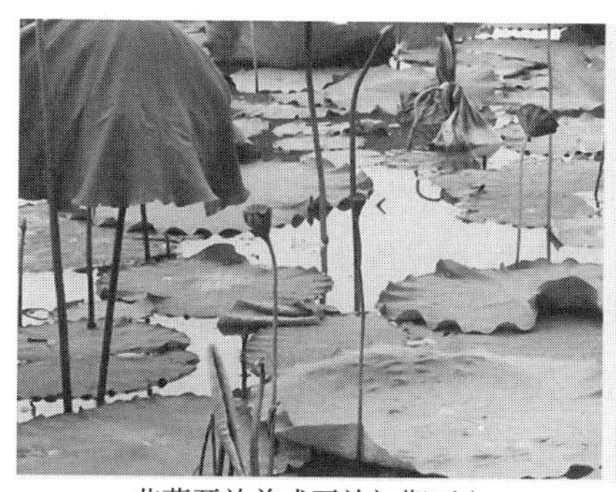

花蕾开放前或开放初期死亡

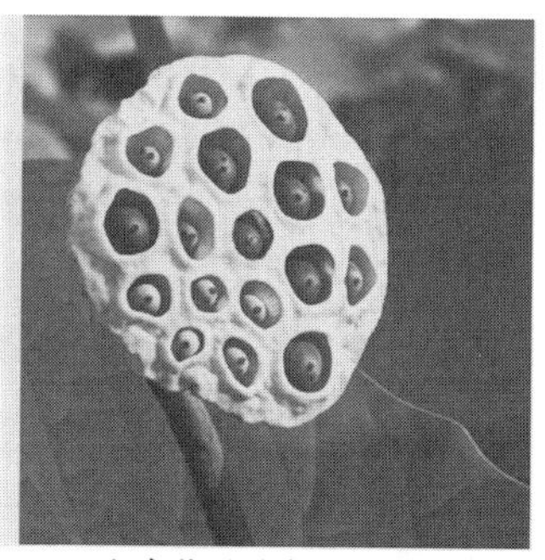

空壳莲子（瘪子）率高
（照片中莲蓬的空壳莲子约58.82%）

图 1-20 死花死蕾和空壳莲子

引种时，品种间的适应性差异尚未引起重视。但是，随着籽莲新品种选育工作的进一步开展，品种也会越来越丰富。品种南移栽培时，应考虑品种对较短日照长度的适应性，尤其是将偏北地区（如武汉）选育品种向偏南地区（如海南）引种时，应予以重视。另外，如果籽莲品种之间调控花内温度的能力存在差异，则籽莲新品种选育和引进利用时，也需要考虑该因素。

建议措施：在规模化种植籽莲新品种前，应先行小规模引进多个品种试种不少于 2 年，之后，再根据不同品种的表现，筛选确定规模化种植的品种。特别是纬度跨度较大地区之间引种时，应做到先试种筛选，再扩大规模。

2. 早期花芽分化质量 籽莲“早期花芽”指春季萌发前种藕芽内已经分化形成的花芽。“早期花芽”分化与发育质量，应该与越冬前种藕形成时的养分供应、营养物质贮藏积累有关，也与春季气温影响等关系较大。

建议措施：越冬前，在根状茎开始膨大及养分积累期，加强田间管理，适当追肥，促进种藕发育、花芽分化及养分积累。春季，在种藕采挖、转运、定植及生长前期，主要防止低温冷害。

3. 除草剂危害 常见现象是邻近水稻田的籽莲田，在水稻田使用除草剂时，除草剂随风飘、随水流而进入籽莲田，导致危害。

也有在田埂或田间使用除草剂不当，导致除草剂危害。除草剂危害籽莲时，妨碍了植株自身的生理代谢，重者整片植株死亡，轻者叶片发黄、花药白化、花粉失活、授粉受精不良、心皮泡状凸起、空壳瘪子增加、结实率降低或不结子、根状茎节间不伸长等。如草甘膦（农达）主要抑制植物体内的烯醇丙酮基莽草素磷酸合成酶，从而抑制莽草素向苯丙氨酸、酪氨酸及色氨酸的转化，使蛋白质合成受到干扰，危害严重时导致植物死亡。

防治措施：生长季节防止除草剂进入籽莲田，发生危害时及时换水，并追肥增强植株长势。另外，部分用于病虫害防治的农药也可能对籽莲植株产生药害，需要防止。

4. 不合理整地施工导致土壤耕作层的破坏 部分地区在整理籽莲栽培用土地过程中，采取了不合理的土地平整方法。主要表现为对原有地块上的耕作层土壤推移他处，直接对耕作层以下的土层进行耕翻平整，其后对耕作层土壤未予回填。这种情况有的是局部发生（同一田块“挖高填低”），有的是连片发生（实施土地整理项目，大面积连片平整）。破坏土壤耕作层，主要导致土壤结构不良，通透性降低，养分供给能力差，不利于根系生长或功能发挥，进而导致植株生长不良或死亡。常见现象有：根系表现正常，但不能正常吸收养分，植株出现“饥饿”症状，叶片发黄、枯萎直至死亡。这种情况出现时，花芽分化和花蕾发育自然也不能正常进行。

5. 病虫危害 病虫危害导致籽莲死花死蕾和空壳莲子的现象比较常见。常见病虫害包括危害浮叶的莲潜叶摇蚊，危害立叶的叶斑病、莲叶脐黑腐病、莲缢管蚜、斜纹夜蛾、中喙丽金龟，危害根状茎和根系的莲藕腐败病、食根金花虫，南方地区有危害叶的福寿螺、茶黄蓟马。还有直接危害莲子的蛀螟和直接危害叶片的梨剑纹夜蛾等。病虫危害严重时，花芽分化和开花结子也自然受到抑制。病虫害防治问题，后续内容将专门介绍。

6. 异花授粉受精 试验表明，莲兼具自花授粉和异花授粉能力，但异花授粉结实率一般较高。目前，种植籽莲时，同一田块内通常采用单一品种，并强调保持品种纯度，即以自花授粉为主。如何提高异花授粉受精率，减少死花死蕾和空壳莲子，是一个值得思考的问题。

建议措施：①不同籽莲品种混杂种植。之前，不提倡不同籽莲品种混杂种植，但从试验结果来看，这种方式应该是可行的。如果选择品质优、产量高、长势相似、花期一致、相互授粉后受精结实率高的品种，混杂种植可以提高异花授粉率。事实上，现有通心白莲产区、枯莲子（壳莲）脱壳加工产区在收购原料时，实际上也是将来自不同品种的原料混收的，并没有严格地区分品种。如果品种选择配置合理，对产品的商品性没有影响。②保护和放养传粉昆虫。目前，提倡在籽莲田放养蜜蜂。籽莲田放养蜜蜂传粉，对于提高结子率、降低死花率及增加产量具有明显效果。通常，可以提高产量10%以上，高者增产近30%。③人工辅助授粉。人工收集花粉，进行人工辅助授粉，也可以大大提高籽莲授粉受精率，减少死花死蕾和空壳莲子，提高结子率和产量。

7. 开花结籽季节的连阴雨天 若籽莲开花结子期出现持续2天或2天以上的连阴雨天气，则随着降雨天数的增加，对籽莲授粉受精的妨碍越大，致使死花死蕾率增加，开花结籽率降低。

建议措施：持续的连阴雨天对籽莲授粉受精的妨碍，需要进一步研究有效的应对措施。

8. 施肥技术 施肥技术不当，直接影响植株养分供应。目前，在籽莲产区，有的不施基肥，而以1～2次追肥为主；有的只是进行一次性施肥；有的采取“基肥+1～2次追肥”的方式施肥。这些施肥方式，在土壤养分本底值较高的田块（如多年的水产养殖塘）是可行的，但若采用一般的水稻田等浅水田栽培籽莲，则有进一步改进的必要。与藕莲种植不同，籽莲最大的特点为：其一，主要产品器官为种子，系有性器官；其二，籽莲开花结子是一个持续的过程，莲子成熟采收也是一个持续的过程，开花结籽与莲子成熟过程在时期上存在交叠。

建议措施：将施肥方式改为“基肥+1～2次重追肥+多次轻追肥”，同时注意补充硼肥等中微肥。譬如，以亩面积为单位，中等肥力田块，“基肥”可以施氮磷钾复合肥（15-15-15）50千克、硼砂1.0千克（或硼酸0.5千克）及七水硫酸锌1.0～1.5千克（或一水硫酸锌0.5～1.0千克）；“1～2次重追肥”宜于定植后30～35天和第60～65天分别施第一次、第二次追肥，每次施氮磷钾复合肥（15-15-15）和尿素各10千克；“多次轻追肥”即“少量多次追肥”，指进入采收期后，每15天追肥1次，每次施尿素和硫酸钾各3～5千克。追肥时，应避免肥料溅落或滞留于叶片上。另外，进入开花期后，宜用0.1%～0.2%硼砂、硼酸或聚硼酸钠水溶液进行叶面喷施，喷用量为60千克，每10～15天一次。目前，各级行政和技术部门均在倡导有机肥替代化学肥料，减少化学肥料施用，表1-6中根据几种市售商品有机肥的检测报告，列出籽莲的推荐施用量和方法，供参考。

表1-6　标准化有机肥料的籽莲田推荐施用量及配合施肥方案（中等肥力田块，千克/亩）

有机肥料					基肥（有机肥料，鲜基）施用量	定植后30～35天追肥量	定植后60～65天追肥量	进入采收期后，每15天追肥1次，共5～6次，每次施用量
主要原料	N%（干基）	P_2O_5%（干基）	K_2O%（干基）	干物质%（鲜基）				
鸡粪(1)	2.2	2.4	2.0	75.4	500	尿素10	尿素10	尿素4、硫酸钾5
鸡粪(2)	2.8	3.0	1.7	75.5	400	尿素10	尿素10	尿素4、硫酸钾5
猪粪尿	2.9	5.1	3.1	79.5	200	尿素15	尿素15	尿素4、硫酸钾5
某品牌	1.08	2.41	2.79	82.81	400	尿素15	尿素15	尿素4、硫酸钾5

9. 植株调整　目前，在湖北省、湖南省等籽莲主产区较为普遍采用的栽培模式是“一次定植，连续3～4年栽培”。这种模式下，虽然节省了每年耕翻整地和大田定植的人工，但也存在一些问题，主要问题是从定植翌年开始，田间植株密度过大。一般第一年大田定植用种量为120～150支/亩，穴距1.5～2.0米、行距2.0～

3.0 米。但当年栽培季节结束时，田间藕支数达 800～1 500 支/亩，这些藕支也就成了翌年的种藕。显然，植株密度是偏大的，容易出现养分过于分散，株间过于密闭，需要疏苗。

建议措施：从定植后的第 2 年开始：①湖北地区宜在 6 月中下旬之前，高强度采收藕带销售，一方面疏除部分植株，另一方面采收的副产品藕带也是增收的重要渠道；②待春季田间植株萌发一段时期后（武汉地区约为 4 月中旬），用机耕船将全田旋耕一遍，对重新萌发出的植株进行栽培管理；③6 月中下旬前，间隔割除部分植株，可以每 5 米宽的田间，割除 3 米，保留 2 米留田栽培。此外，在年度内栽培管理过程中，可以结合田间管理和莲蓬采摘，及时摘除老叶、病叶、过密叶、瘦弱叶，增加田间通风透光性。

10. 其他 进入 10 月后，气温渐低，为了延缓秋季低温对籽莲开花结子的不良影响，采取逐步加深种植塘水深的做法，对于延长开花结子期，也有一定效果。加大水深的做法一般适用于鱼塘改成的籽莲田，水深可加深至 1.2 米左右。秋季水温下降的速度比气温慢，因此起到了与设施覆盖保温类似的效果，至 11 月上中旬仍有部分莲蓬可以采收鲜食。这也可以视为籽莲延长栽培季节的一种有效措施。

第三节 藕带栽培技术

在湖北，藕带别名藕鞭、藕尖、藕梢、藕苗、藕肠子、藕簪、藕苫等。藕带历来是湖北地区春夏季颇受欢迎的时令蔬菜，是湖北地区最典型的传统、特色和优势农产品之一。明代著名医药学家李时珍（1518—1593）在《本草纲目》中就有记载。近 10 年来，由于藕带相关品种的选育与应用、栽培技术的提升、保鲜加工技术的创新，藕带产品受消费者欢迎和认可的程度及地区范围也在不断增加，藕带产业在湖北等地有了很大的进步，藕带种植效益显著增加，进而极大地激发了人们对藕带种植的热情。藕带种植范围也在不断扩大，湖南省、河南省、江苏省、江西省等部分地区已进行藕带专业化种植。采集藕带食用的地区范围则更加广泛，国内主要莲藕产区几乎都有不同规模的采集食用。特别是湖北洪湖市，该市人工种植和自然采集的藕带，以及保鲜加工的藕带，在市场上均占有重要地位，“洪湖藕带”（包括新鲜藕带和泡藕带）已经被登记为国家地理标志保护产品。技术咨询过程中，最常见的问题：“藕带有专用品种吗？如何种植藕带？”等。

一、藕带品种

（一）藕带是什么？

从植物学角度讲，藕带指“莲”植株尚未膨大的根状茎（伸长生长为主，节间呈长条形）顶端的一个节间及其顶芽。藕带在泥中着生的位置，是根状茎最顶端（或最新抽生）的一片立叶展开（开口）方向的前端，水平着生。

根状茎最顶端（或最新抽生）的一片立叶，就是人们常说的“小荷才露尖尖角”时期的荷叶。“尖尖角”时期荷叶的开展度，与藕带顶芽萌发状态有较为密切的相关性。通常，“尖尖角”时期荷叶紧密卷折时，藕带伸长生长且顶芽芽鞘呈未开裂状态；随着“尖尖角”时期荷叶逐步开展，藕带顶芽进一步萌发，导致顶芽芽鞘开裂。藕带顶芽芽鞘未开裂时，整个藕带比较脆嫩，口感好。藕带顶芽芽鞘开裂后，藕带从基部开始逐步老化，纤维化程度增加，口感变差（图 1-21）。

（二）有藕带专用品种吗？

在莲植物正常生长发育过程中，藕带是膨大根状茎（藕）形成之前经历的一种器官形态。不论藕莲、籽莲或花莲，还是野生类型莲，均形成藕带。但是，如果考虑产量，“花莲”类品种因其种植规模较小，不会用作藕带生产。人工栽培时，采用的品种主要是藕莲和籽莲类型品种，自然采集时也利用野生莲资源。目前，市场上新鲜藕带的主要来源：一是籽莲藕带，是籽莲栽培过程中的副产品，曾经是湖北地区市售藕带的主要来源，用于采收籽莲藕带的面

“尖尖角”时期荷叶紧密卷折，藕带伸长生长
且顶芽萌发程度低，顶芽芽鞘未开裂

图 1-21　藕带着生位置、藕带顶芽状态及其与“尖尖角”时期荷叶开展度的对应关系

积约 2 万公顷；二是藕莲藕带，是采用藕莲品种种植，专门采收藕带。目前，湖北地区藕莲藕带种植面积约 2 000 公顷，主要在仙桃、洪湖、鄂州、公安、汉川、潜江、天门等地。野莲藕带因野莲资源少，采收较难，数量较少。

相较于籽莲藕带或野莲藕带，藕莲藕带通常具有质地脆嫩、条形粗壮、色泽洁白等优点，而且产量更高，采收期更长。一般情况下，膨大根状茎（藕）直径较粗的品种，藕带直径也相对较粗。现有的一些所谓藕带专用品种，都是兼用性较好的藕莲品种。部分藕莲老品种，其藕用价值已经不及新一代的藕莲品种，处于逐渐淘汰的过程中，但因其藕带兼用性好，近些年也被视为藕带专用品种。因此，尚无严格意义上的藕带专用品种。期待在今后的品种选育过程中，以藕带性状为主导，确定相应的育种目标（如藕带粗度、长度、质地、色泽、产量、易采性、营养物质含量及加工性能等），进而选育出藕带兼用性更好的品种。

（三）生产上用作藕带栽培生产的主要品种有哪些？

籽莲藕带是籽莲种植过程中的副产品，籽莲种植的主要目的是采收莲子，而不是采收藕带，主要品种为‘太空36’‘建选17’‘建选35’及‘鄂籽莲1号’（满天星）等。目前，产区专门用来栽培生产藕带的品种都是藕带兼用性较好的藕莲品种。常见的有武汉市农业科学院蔬菜所选育的‘白玉簪’‘00-26莲藕’‘鄂莲8号’（03-13莲藕）等，以及‘武植2号’等品种。

二、藕带栽培技术

专门用于藕带栽培生产的品种，均为藕莲藕带。籽莲藕带为籽莲栽培过程中的副产品，田间栽培管理按照莲子栽培管理技术进行。这里主要介绍藕莲藕带栽培技术。

（一）产地环境

藕莲藕带种植过程中，从保障产品安全质量角度出发，主要要求产地环境质量不低于农业行业标准NY/T 5010—2016《无公害农产品　种植业产地环境条件》中有关大气、灌溉水和土壤安全质量的规定指标。

（二）栽培技术要点

藕莲藕带种植过程中，一般不进行病虫害防治。基本栽培方法与莲藕相同，但为了获得较高的藕带产量，基本要求做到4个字，即“深、松、肥、稀”。

1. “深”　指土层要深厚，不宜浅于30厘米。用水稻田种藕莲藕带的第一年，尤其强调深耕翻，使土层深度达到要求。连续多年进行过水产养殖的鱼塘，淤泥层往往深达50厘米以上，非常适宜藕莲藕带种植。

2. “松”　指土壤疏松，也就是农民通常说的泥层土壤要“活”。大田准备时，要求多施有机肥，深耕翻，并多次耕翻耙地，使土壤疏松并长期保持疏松。

3. “肥”　指土壤要肥沃，主要通过基肥施用和追肥施用，做到土壤肥沃。对于中等肥力田块，可以根据不同的肥料种类，采取不同的施肥方案。有关施肥方案（用量以亩计）如：

方案（1）：基肥施氮磷钾复合肥（15-15-15）50千克、腐熟饼肥50千克及尿素20千克、硼砂1.0千克（或硼酸0.5千克）、七水硫酸锌1.0～1.5千克（或一水硫酸锌0.5～1.0千克）。每3年施一次新鲜生石灰，每次75～100千克；追肥宜于5月中旬至8月中旬，每10天追肥1次，每次施氮磷钾复合肥（15-15-15）3千克和碳酸氢铵15千克。

方案（2）：基肥施商品有机肥400千克，硼砂1.0千克（或硼酸0.5千克）、七水硫酸锌1.0～1.5千克（或一水硫酸锌0.5～1.0千克）。每3年施一次新鲜生石灰，每次75～100千克；追肥宜于5月中旬至8月中旬，每10天追肥1次，每次施尿素5千克和硫酸钾2.5千克。

4. “稀” 指田间植株密度要略稀，不可过密。种藕用量宜为300～400千克/亩。根据经验，莲藕植株密度较低时，植株扩展性更强，即地下根状茎伸长生长扩展的范围更大。因此，宜控制田间立叶密度。藕莲藕带种植田中，田间荷叶不可过于密闭，以站在岸边透过立叶间的间隙，看得到水面为宜，立叶密度大致为3～5片/平方米（图1-22）。进入采收期后，宜及时摘除老叶、弱叶、病虫严重危害叶及过密叶。

（三）采收

一般在出现4～5片立叶时开始采收藕带，初期采收强度宜低，后期采收强度逐渐增强。具体藕带的适宜采收时期为：藕带伸长生长量足够大、且顶芽芽鞘尚未开裂。这一点，需要通过试验性采收，积累一定经验，弄清楚“小荷才露尖尖角”时期的立叶叶片卷折和开展状态与藕带适宜采收期的对应关系，进而根据立叶的卷折与开展度，判断藕带是否适宜采收。强调及时采收，否则，莲鞭老化，没有食用价值。采收藕带时，宜带立叶采收，这样藕带孔道内不易倒灌泥水。

图 1-22 藕莲藕带种植田的立叶不宜过密，以透过立叶间的间隙看得到水面为宜

第四节 种藕质量、低温伤害及种藕定植时期

一、种藕质量

种藕质量是影响莲藕植株“发棵”，即影响种藕萌发、初期莲鞭伸长及莲叶生长的基础性因素。莲藕是无性繁殖作物，种藕其实就是植物学上莲藕的茎（根状茎），种藕定植实质上是以莲藕根状茎（藕）为插条进行的扦插。

湖北省地方标准 DB42/T 1199—2016《水生蔬菜种子》中，关于莲藕（含籽莲）种藕的质量技术指标规定为：①品种纯度，原种不低于 97%，大田用种不低于 93%；②净度不低于 80%；③发芽率不低于 90%；④缺陷率，原种不高于 5%，大田用种不高于 7%（具有机械损伤、病虫危害、形态结构不完整及畸形等缺陷的种藕占种藕总量的比例）；⑤形态结构要求单个种藕藕支的顶芽数量≥1 个、完整节间数量≥2 个、节的数量≥3 个。

上述指标中，纯度对莲藕植株“发棵”的影响不大，除非是混入了生态适应性差别较大的品种或植株。种藕藕支本质上就是一段枝条，即使只带有1个芽，如果精细管理，也可以扦插成活。莲藕顶芽繁殖技术是利用莲藕主藕（主枝）和子藕、孙藕（侧枝）的顶芽单独扦插繁殖，该技术一般人不易掌握。对于大田生产用种，通常要求种藕藕支的基本结构是“顶芽数量≥1个、完整节间数量≥2个、节的数量≥3个”，也就是所谓的“123规格”（图1-23）。结构上更大一些的种藕，成活率也更高，初期植株长势也更旺，更易“发棵”。影响种藕“净度”的主要因素是带泥量。莲藕表皮很薄，适当多带泥，有利于种藕保护，也有利于定植成活和植株“发棵”。根据经验，种藕带泥量20%左右，可以起到比较好的保护作用，同时也不至于使种藕购买者感觉带泥量太多。人工采挖种藕成本较高、劳动强度大，目前很多种藕繁殖者采用高压水枪冲挖，虽然提高了效率，但对于种藕的伤害也相对较大。种藕缺陷率，主要要求机械伤个数要少，伤口要小，芽要完好齐全，不带病害（主要是腐败病）。发芽率是一个综合性指标，种藕结构、缺陷率高低及新鲜程度等对发芽率均有较大影响。其中，新鲜程度主要受种藕采挖后至大田定植前的贮藏方法及贮藏天数影响。

图1-23 莲藕种藕最小藕支结构（“123”规格）

总之，为了提高种藕发芽率，促进莲藕植株尽早“发棵”，对种藕质量的基本要求是结构齐全完好、无伤无病、新鲜、适当多带泥。

二、低温伤害

低温伤害包括冷害和冻害，尤其是指冷害。目前，低温冷害对莲藕的危害尚未引起足够的重视，缺乏专门的研究，但是，几乎每年都有相关危害现象的发生。据调查，冷害对莲藕的危害，主要发生在种藕采挖至定植期间，以及定植初期的一段时期内。

（一）莲藕种藕采挖期至定植前

莲藕用种量大，一般每亩需种藕 300 千克以上（籽莲需要 120～200 支以上），体积也大。而且，种藕需要保持新鲜，通常在定植前 10 天以内采挖，大多在室外临时堆贮，之后集中运输至种植地点。种藕采挖期和定植期一般在 3 月中下旬至 4 月下旬，该时期的种藕已经处于萌动状态，而且是萌发速度逐渐加快的时期，因而对环境变化也比较敏感。

3～4 月也是天气变化较大的时期。这期间，一旦在短时间内发生低温、降雨、风等气象因素的叠加，则容易产生湿冷（冷害的一种）。这种叠加作用在采挖不久的种藕上时，则容易产生伤害。受到伤害的种藕，表面上无明显症状，但定植后表现为部分种藕不萌发或萌发迟缓，初期叶片发黄，发棵缓慢，生育期显著延迟。与正常种藕相比，植株封行期可能延迟 15 天以上。例如，2015 年湖北嘉鱼县一农户于不同时间从武汉市调运同一品种同一田块繁殖的种藕，其中，第一批种藕采挖期和定植期为 4 月 16～18 日，这 3 日的最高气温/最低气温/天气分别为：16 日 24℃/11℃/多云转晴，17 日 24℃/14℃/多云，18 日 22℃/17℃/小雨，未受低温冷害影响，发棵正常；第二批种藕采挖期和定植期为 4 月 19～21 日，这 3 日的最高气温/最低气温/天气分别为：19 日 20℃/16℃/小雨转大雨，20 日 17℃/10℃/阴转多云，21 日 22℃/10℃/晴转多云，受到冷害影响，发棵延迟近 30 天（图 1-24）。

根据经验，在种藕采挖后至定植前的时期内，遇到低温、下雨

同一品种、同一繁种田块种藕，采挖期和定植期受低温冷害影响，延迟发棵近30天（湖北嘉鱼）

图 1-24　低温冷害对莲藕发棵的影响

和刮风天气时，若能及时覆盖塑料薄膜及草帘或稻草，或将种藕暂时贮藏于能遮风避雨的室内并覆盖草帘或稻草，种藕临时贮藏期间不要浇水，特别是要做好夜间的防低温措施，待气温回升后定植大田，则可以减轻或防止冷害的发生。

（二）莲藕种藕定植后

莲藕种藕大田定植后，容易受到低温伤害的情况主要发生在定植期过早和定植质量不高的时候，表现为发芽停滞或不发芽，顶芽及种藕腐烂，整体表现为成苗率低。容易发生低温伤害的情况包括：①同纬度、同海拔地区内引种时，定植期过早；②从低海拔地区向高海拔地区引种，或从低纬度地区向高纬度地区引种，由于高海拔和高纬度地区气温上升相对滞后，因而，早春季节，哪怕是与低纬度或低海拔地区相同定植期，对于高纬度或高海拔地区而言，定植期有时也显得过早；③定植质量不高，主要是种藕顶芽外露，没有用泥土充分覆盖；④冷空气来临前，未及时加高水深。

定植期过早，不仅容易发生冷害（零上低温导致的伤害），而且有时会发生冻害（零下低温导致的伤害）。在适宜的定植期内，面临的主要是冷害问题。莲藕种藕定植后 30～45 天，常有低温连阴雨天气，是冷害易发期，长江流域及其以北地区的冷害易发期一般在 5 月中旬前。预防措施主要是提高定植质量和加强定植后的水深调节。在定植质量方面，一般做法是种藕藕支斜插入泥，尾梢外露，顶芽入泥约 10 厘米深，并对种藕覆泥壅埋。定植后，保持 10 厘米左右水层，不让顶芽露出水面。如果有较强冷空气来临，则水深加深至 20～30 厘米即可。已经出现叶片黄化的植株，可在叶面喷施 0.3％尿素＋0.3％磷酸二氢钾混合液。待每支种藕抽生 2～3 片立叶后，植株适应能力增强，气温也升高了，冷害问题就不存在了。

三、定植时期

不同地区都有各自适宜的莲藕定植期，而且各产区均有当地的经验定植时期。但是，对一些新开辟的莲藕种植区，或对一些新从事莲藕种植、缺乏经验的人来说，容易出现过于求早、不适当地提早定植的现象，结果种藕受低温影响，导致种藕萌发不良和前期植株发棵不良。选择适宜的定植时期是预防低温伤害的重要前提。

同一地区，可以参考莲藕自然萌发期确定适宜的大田露地定植时期。作物种子萌发的基本条件包括适宜的温度、适量的水分及充足的氧气。但对于水生作物莲藕而言，影响种藕萌发的因素主要是温度，俗话说“三月三，蛇出洞藕出簪”，指的就是这一点。

结合在多地的观察结果，莲藕大田定植期，一般不宜早于“平均日最高气温≥13℃，且平均日最低气温≥5℃”的起始日。对于采挖后重新定植的莲藕种藕，为了防止低温对其萌发的影响，定植期不宜过早。综合参考不同地区的资料和经验，建议将“平均日最高气温≥15℃，且平均日最低气温≥5℃”的起始日，作为确定莲藕大田定植起始日的参考指标。相关地区的气象资料，可以查阅天气网（http：//www. tianqi. com/），部分地区符合该条件的起始日见表 1-7。

表 1-7 部分地区“平均日最高气温≥15℃，且平均日最低气温≥5℃”的起始日

序号	省份	地区	起始日
1	北京	北京	4 月 4 日
2	天津	天津	4 月 3 日
3	河北	唐山	4 月 5 日
4	河北	保定	3 月 29 日
5	新疆	乌鲁木齐	4 月 14 日
6	新疆	喀什	3 月 27 日
7	新疆	和田	3 月 25 日
8	新疆	于田	3 月 29 日
9	山东	济南	3 月 25 日
10	山西	太原	4 月 15 日
11	山西	运城	3 月 27 日
12	陕西	西安	3 月 26 日
13	甘肃	白银	4 月 4 日
14	甘肃	兰州	4 月 13 日
15	甘肃	临夏	4 月 28 日
16	宁夏	银川	4 月 17 日
17	四川	成都	3 月 4 日
18	重庆	重庆	3 月 1 日
19	河南	郑州	3 月 27 日
20	湖北	武汉	3 月 14 日
21	湖南	长沙	3 月 15 日
22	江西	南昌	3 月 14 日
23	江西	九江	3 月 16 日
24	江西	吉安	3 月 2 日
25	安徽	合肥	3 月 17 日
26	江苏	南京	3 月 25 日

（续）

序号	省份	地区	起始日
27	江苏	徐州	3月27日
28	浙江	杭州	3月25日
29	贵州	贵阳	3月9日
30	云南	昆明	3月1日
31	广西	柳州	2月6日

表1-7中，“平均日最高气温≥15℃，且平均日最低气温≥5℃”的起始日是根据平均值确定的，实际应用时，一定要关注具体年份内该起始日前后一段时期内的短期和中期天气预报。如果拟定的大田定植日期与该起始日邻近，则要求拟定定植日及其后续3～5日的最高气温≥15℃，且最低气温≥5℃，最好选在“冷尾暖头”天气条件下进行。实际上，如果莲藕大田定植期在“平均日最高气温≥15℃，且平均日最低气温≥5℃”起始日的基础上延迟7～10天，则更加安全。

南方有些地区比较特殊。如昆明，2月下旬日均最高气温较高，达17～19℃，而日均最低气温为4～5℃，也适合进行莲藕大田定植。另外，广西南宁、广东广州、福建福州等南方地区，全年气温均符合“平均日最高气温≥15℃，且平均日最低气温≥5℃”。

第五节　莲藕和籽莲良种繁育

一、莲藕和籽莲的繁殖特点

（一）生产栽培上采用无性繁殖，但自然状态下亦可进行有性繁殖

生产上，莲藕和籽莲（花莲）在品种扩大繁殖时，普遍采用种藕（根状茎）进行无性繁殖，类似于果树或林木等植物的扦插繁殖。单个植株的基因型（所谓“基因”，可以简单理解为“有遗传

效应的 DNA 片段”。“基因型”又称遗传型，是某一生物个体全部基因组合的总称）不论纯合，还是杂合，只要具有优势，就可通过无性繁殖固定优势并扩大繁殖。同时，莲藕和籽莲均易产生成熟种子，进而可以进行有性繁殖。目前，在生产上规模化栽培的莲藕品种中，除鄂莲 1 号等个别品种开花量极少或几乎不开花外，大多数品种都或多或少产生一定数量的花朵，并能形成成熟种子。莲藕品种开花量多数可达 100 朵/亩，有的品种则可达 500～1 000 朵/亩；籽莲品种开花量则可达 4 000～6 000 朵/亩以上。在莲藕和籽莲有性繁殖的种子形成过程中，由于发生了基因分离与重组，由种子萌发形成的实生苗后代的基因型，不仅与父本和母本之间有差异，而且实生苗植株个体之间的差异也较大，其表现型（指生物个体表现出来的性状，如成熟期、株高、花色、产量、节间长短粗细、籽粒大小形状、产品肉质质地，等等。表现型是基因型与环境共同作用的结果）也出现较大差异。

（二）用种量大，繁殖系数较低

目前，大田莲藕种藕用量一般为 300 千克/亩以上，包装堆码体积约为 0.84 米^3。按种植面积 1 公顷计算，则需莲藕种藕总量约4 500千克，包装堆码体积约为 12.6 米^3。至于籽莲，一般需种藕120～150 支/亩，种量为 60～75 千克/亩，包装堆码体积为 0.08～0.10 米^3。可以繁殖莲藕种藕 2 000～2 500 千克/亩，繁殖系数为 7～8；可以繁殖籽莲种藕 800～1 500 支/亩，繁殖系数为 5～12.5。

（三）种藕含水量高

种藕含水量较高，采挖后不能长期贮存，需要及时进行定植。种藕采挖后到定植之前的间隔天数一般不宜超过 10 天。

（四）植株扩展性较强

就现有栽培品种而言，种藕（膨大根状茎）垂直深度一般为 30～50 厘米，但单棵植株的水平扩展性则较强，扩展距离一般达 2～5 米，种植密度较低时，甚至可达近 10 米。

二、莲藕和籽莲品种混杂退化的原因

（一）机械混杂

莲藕品种机械混杂，主要指在种藕采挖、堆放、装运过程中，选择栽培的品种种藕与其他品种种藕混杂的情况。莲藕和籽莲用种量大，加之从采挖到大田定植的间隔时间短，采挖期集中，经常需要“抢挖、抢运、抢种”，人多手杂，更容易产生机械混杂。

（二）生物学混杂

生物学混杂专指由于莲藕和籽莲植株在田间的生长发育行为导致的品种混杂。

1. 隔离不当 隔离不当时，不同品种的留种田块之间，植株地下部分相互穿插导致混杂。

2. 连作导致混杂 经常发生的情况是，莲藕或籽莲留种田内实行连作，更换品种时，上一年田间存留的种藕未能清除干净，翌年重新萌发，则与新定植品种之间形成混杂。

3. 莲子遗落田间萌发成株导致混杂 老熟莲子遗落田间后，有的可于当年萌发成株并形成膨大的种藕；有的翌年萌发，形成膨大的种藕；有的可以在田间存留多年后萌发成株。莲子遗落田间萌发成的实生苗，理论上可能产生更优秀的单株，但实践表明绝大多数的个体表现比现有主栽品种差。据调查，在连作的莲藕田或籽莲田中，很多田块内的实生苗数量超过 50 株/亩。因为数量大，莲子实生苗成为大部分莲藕和籽莲田块发生品种混杂退化的主要原因（图 1-25）。但是，鄂莲 1 号极少开花，在有的产区几乎不开花，尽管实行多年连作，但品种纯度依然很高。

4. 芽变 从理论上讲，无性繁殖的莲藕品种植株在种植过程中，可能因基因突变、染色体结构或数量的变异等原因导致芽变的发生。发生芽变的芽，一旦繁殖后代，则为变异株。从众多植物的芽变表现可见，尽管芽变中可能出现更加优秀的变异，但实际上绝大多数是劣变。

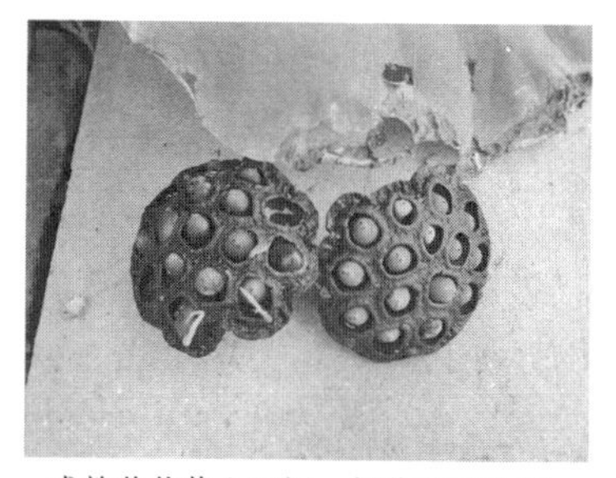
成熟莲蓬落入田间，部分莲子当年萌发，并当年可能形成膨大种藕

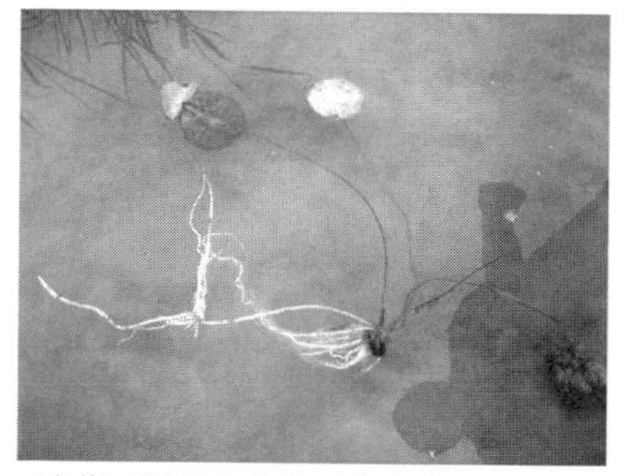
遗落田间的老熟莲子春季萌发，初期叶片较小，但后期可能形成膨大种藕

图 1-25 莲藕和籽莲田发生的实生苗导致生物学混杂

三、莲藕和籽莲良种繁育技术

（一）建立专门的良种繁育基地

1. 遵守良种繁育程序 应按照“原原种—原种—大田用种”的程序进行莲藕和籽莲良种繁育。其中，“原原种”品种纯度最高，由品种选育单位或提纯复壮单位繁殖；“原种”由专门的原种繁育基地繁殖，繁殖“原种”的种藕来自“原原种”，或来自“原种”繁殖田选择的种藕，也可来自“大田用种”繁殖田选择的种藕，有时还可以从生产用田选择种藕用于“原种”繁殖；“大田用种”由专门的“原种”繁育基地或“大田用种”繁育基地繁殖，繁殖“大田用种”的种藕可以是1～3代“原种”的种藕，也可以是从生产用田选择的种藕。

2. 确定良种繁育基地规模 建立莲藕和籽莲良种繁育基地，宜根据产区生产面积大小，按照每5年更换一次种藕的规模，设置专门的繁种田块繁殖“原种”和“大田用种”。譬如，如果莲藕生产规模为100公顷，按照每5年全部更换一次种藕的节奏，平均每年更换20公顷。如果莲藕繁殖系数按照6计算，则需要设置3.3公顷的专用“大田用种”繁种田。籽莲一般3～4年更换一次种苗，同样，如果生产规模为100公顷，则每年更换25～33.3公顷。籽莲繁殖系数取8时，则需要建立设置3～4公顷的专用“大田用种”

繁种田。

3. 了解莲藕和籽莲良种繁育基地的相关要求 莲藕和籽莲良种繁育与生产过程管理基本一致，除了满足生产栽培的基本要求外，还要求交通便利，便于种苗调运；强调隔离，防止品种间相互穿插混杂。隔离分为设施隔离和空间隔离。隔离设施可以借助硬化砖混沟渠、或深 80 厘米以上砖混墙、或土埂上铺盖土工布（入泥深 80 厘米以上）、或 3 米宽以上的压实道路、或宽 5 米以上的排灌沟渠；空间隔离时，一般 10 米以上间隔距离可满足要求。另外，还可实行 2～3 年水旱轮作，或不同作物种植田块轮替，采用所谓“白田”（即之前 1 年未曾种植过莲藕或籽莲的田块）繁殖种藕。

（二）莲藕和籽莲种藕繁殖过程中的去杂工作

1. 定植前 对于拟用于良种繁育的田块，宜提前 10～15 天耕翻准备，定植日期可以比常规栽培晚 10 天左右，目的是便于发现和清除上年度遗留的莲藕植株。这时，见到叶簪（又称叶苫）或叶片，追踪挖除整株，去杂效果明显。

2. 生长季节 结合田间管理，定期巡视，及时发现并拔除萌发的莲子实生苗（以叶片小、植株小为特征）和上年度遗留植株（早期，以定植穴位置之外株行间发生的植株较为明显），及时发现并清除花色、花形、莲蓬形状、莲子形状、叶片大小、叶片姿态、叶面光滑度、株高等明显不同的植株。清除工作要随时进行，一旦发现杂株即予以清除。清除方法可以采用人工采挖，也可采用草甘膦等内吸传导型除草剂的高浓度水溶液对混杂株进行注射杀灭。

3. 枯荷期 品种纯度高、植株长势一致的田块，进入枯荷期的时间比较一致。如果枯荷期田内，仍然可见个别植株叶片保持绿色，则可能为：①莲子实生苗；②混入了晚熟品种；③由遗留田间的零星藕头或侧芽萌发长成的迟发株；④受莲藕腐败病等病虫危害，后期恢复生长的植株；⑤生长期间受到其他机械伤害后恢复生长的植株。从良种繁育角度而言，不必强求对这些迟发株产生的具体原因做出准确判断，而应一律整株挖除。

4. 种藕采挖期 是种藕采挖及生产应用的时期，也是选种去杂的关键时期。应根据膨大根状茎（产品）的入泥深浅、主藕形状、主藕长度、藕梢长度、藕梢粗度、藕梢形状、节间长度、节间粗度、节间横截面形状、藕头形状、藕皮色、顶芽颜色等性状进行判断，剔除混杂藕支。只有事先对品种种藕特征非常熟悉，才能进行准确地选择。如果对品种种藕特征不熟悉，建议采取“随大流法”选择。所谓“随大流法”就是以大多数“长像”基本一致或相同的藕支为选留对象。在种藕采挖期容易发现莲藕腐败病和食根金花虫，一旦发现，应随时剔除感染莲藕腐败病的藕支，及时处理食根金花虫幼虫。

（三）种藕质量

目前，在种藕质量方面，尚无专门的国家标准或行业标准，也无相应的团体标准，但是，有些地区在相应标准中提出了种藕质量技术指标。湖北省质量技术监督局发布了专门的地方标准 DB42/T 1199—2016《水生蔬菜种子》，可以作为参考。

（四）其他

1. 莲藕和籽莲引种一次，需要几年更新一次种藕？ 从上述内容可知，只要莲藕和籽莲建立完整的良种繁育体系，做好良种繁育工作，则引种一次，可以长期使用，不存在年限限制。如果没有条件设置专门的良种繁育基地，只要熟悉品种特征特性，即便是在生产种植大田进行种藕选留，也可以长时期保持种藕品种纯度。如长期专门从事莲藕种植的安徽省无为县的农民朋友结合大田种植生产进行种藕选留，也保持了很高的品种纯度。以前，大田生产中一般提倡莲藕 3～5 年换种一次，籽莲 3～4 年换种一次，主要是针对那些不注意种藕选留的产区。在湖北省等地，籽莲大多采用一次定植，连续 3～4 年栽培，因植株密度过大的问题，需要借更换种藕、重新定植之际来调整田间植株密度。

2. 莲藕和籽莲生产栽培中能否用种子进行有性繁殖？ 笔者

认为：①生产栽培上，莲藕采用种藕进行无性繁殖，有利于保持特定基因型所具有的优势（优良性状），个体间基因型也高度一致，环境相同时，表现型也高度一致。采用无性繁殖是莲藕生产中产量和质量的重要保障措施。②莲藕生产栽培中利用种子繁殖，并不是完全不可行。已有试验表明，莲藕种子繁殖植株，当年可收获具有商品性的藕支。③用种子繁殖进行莲藕栽培时，要选择采种品种。从理论上讲，种子繁殖后代株间差异比较大。用于采集生产繁殖用种子，要求种子实生后代群体的主要经济性状（如产量、成熟期、肉质质地等）保持基本一致。一般情况下，藕形较大、产量较高的品种，其莲子繁殖的后代藕形也较大，产量也较高；藕形较小、产量较低的品种，其莲子繁殖的后代藕形也较小，产量也较低。用作种子采集的品种宜选择优良的莲藕品种。籽莲能否用种子繁殖生产？至今未见用种子繁殖植株进行籽莲栽培生产的实例。

3.“杂”的不一定全部是“差”的 虽然“杂”株多数是“不需要”或“差”的，是淘汰对象，但理论上也可能出现优良单株。不论是莲子遗落田间萌发成株，还是芽变单株，都可能出现优良单株。如果留意观察，将发现的优良“杂”株，单独隔离，无性繁殖，则可能获得优良新品种。事实上，在现代意义上的莲藕和籽莲新品种选育工作开始之前，历史上的传统品种应该都是这样产生的。“杂”中选优，也仍然是莲藕和籽莲新品种选育的有效手段之一。

第六节　莲主要病虫害防治

莲藕产区需要重点防治的莲藕病虫害一般为 2～3 种，不同产区可能有所不同。譬如，这些年武汉莲藕产区的重点防治对象主要是莲缢管蚜和莲藕食根金花虫。莲藕的叶有立叶和浮叶之分，叶柄着生于根状茎（莲鞭、莲藕）上。根据莲病虫害发生或主要危害部位，基本按照由上至下的顺序，依次介绍 10 种主要病虫害及其防治方法。

一、浮叶叶面：“一虫”

危害莲藕浮叶的主要害虫为莲潜叶摇蚊。莲潜叶摇蚊（又名莲窄摇蚊，*Stenochironomus nelumbus*）发生普遍，以幼虫危害浮叶（不能危害立叶）。幼虫在浮叶表皮下取食叶肉，掘道潜行，边行边排便，形成明显的紫褐色虫道。严重者，导致浮叶腐烂。莲藕植株生长初期，立叶尚未发生或发生数量较少，浮叶是主要的功能叶，若莲潜叶摇蚊危害较重，则对植株生长发育影响较大。但是，立叶大量发生后，则莲潜叶摇蚊的危害可以忽略（图 1-26）。

防治方法：①摘除受害浮叶；②用 2.5%溴氰菊酯乳油 3 000 倍液，或 90%晶体敌百虫 1 000 倍液，或 80%敌敌畏乳油 1 000 倍液喷雾。

危害浮叶，不危害立叶

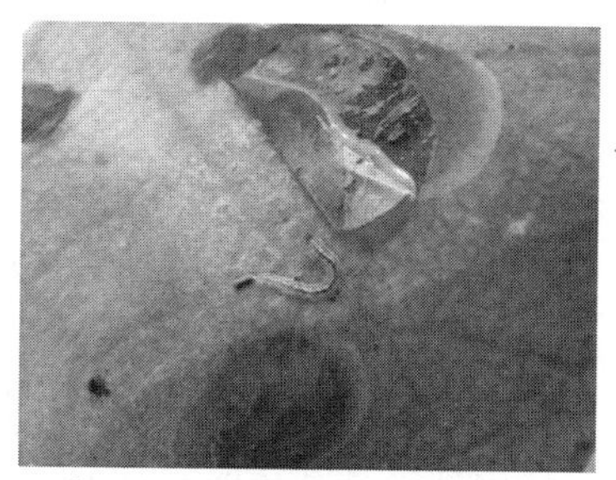

拨开危害部叶片表皮，可见幼虫

图 1-26　危害莲藕浮叶的害虫——莲潜叶摇蚊

二、立叶叶面：“两病一虫”

危害莲立叶的“两病一虫”通常指叶斑病、莲叶脐黑腐病和斜纹夜蛾。

1. 莲叶叶斑病　从植物病害专业角度看，危害立叶的病害种类很多，但有些病害症状差别不大，即便专业人员也难以区分。但是，在同一产区内，危害较重而且需要防治的病害，往往只有1～2种。立叶叶面常见的病害有莲藕交链霉黑斑（褐纹）病（*Alternaria nelumbii*，又名莲褐纹病、莲叶斑病、莲黑斑病）、莲藕叶壳二孢斑枯病（又名褐斑病）、莲藕叶片弯孢霉紫斑病及莲藕棒孢霉褐斑病等。这几种病害的共同点是，均能在叶片上形成斑点，莲藕种植者一般不做区分，通常概称为“叶斑病”。

2. 莲叶脐黑腐病 近10年来，莲藕（包括籽莲）上出现一种新的病害——莲叶脐黑腐病（*Alternaria* sp.），一般在5月上中旬至6月上中旬发生危害，尤其在定植2年及2年以上的籽莲田危害较重。在深水及遮阴水塘内，也发生较重。首先在未充分展开的立叶上发生，典型症状为叶脐局部或整个叶脐表现症状，叶脐颜色逐渐变深，由褐色到黑色，后期腐烂，并扩展至叶脐下周半叶或整叶，叶片下端开裂，叶片不能正常展开，常向下披垂。从叶脐部位向叶柄蔓延时，连接叶片的叶柄上端髓部变褐色。危害重者，叶柄上端腐烂发黑、缢缩枯萎，整片叶片易腐烂发黑、枯萎死亡。

3. 斜纹夜蛾 斜纹夜蛾（*Spodoptera litura*），也叫夜盗蛾，为农作物上的常见害虫。还有一种危害莲藕立叶的常见害虫为中喙丽金龟（*Adoretus sinicus*），在我国长江流域及其以南产区均有发生，且危害症状易被误认为斜纹夜蛾所致。但是，中喙丽金龟危害不大，露地莲藕栽培时，其危害范围大多在距离藕田岸边3米左右范围内，通常不必专门防治（图1-27）。

防治方法：①病害：一般在发病初期用50％多菌灵可湿性粉剂800倍液喷雾，或用75％百菌清可湿性粉剂600倍液喷雾。对于莲叶脐黑腐病，还可摘除病叶叶片。②斜纹夜蛾：首选方法包括摘除卵块、捉杀幼虫及诱捕成虫，其次是用药杀灭幼虫，如用0.5％甲氨基阿维菌素苯甲酸盐乳油1 500倍液喷雾，或用5％氟啶脲乳油2 000倍液喷雾。

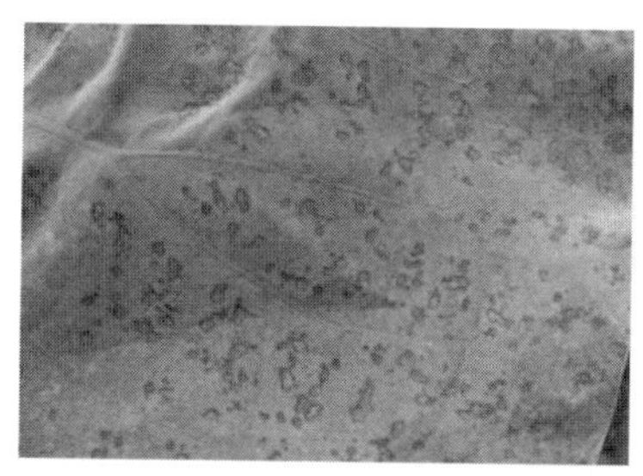

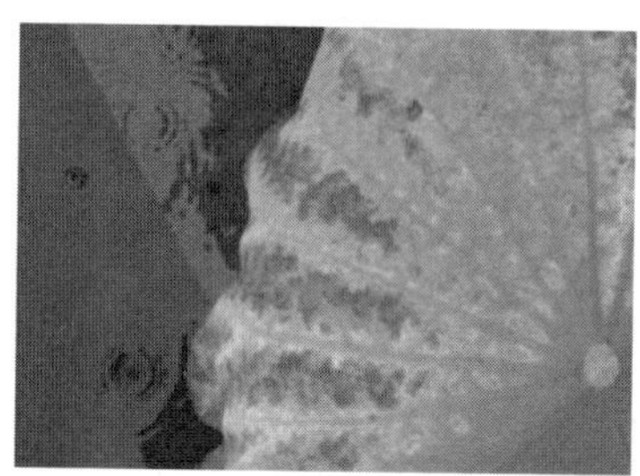

莲叶叶斑病

莲叶脐黑腐病

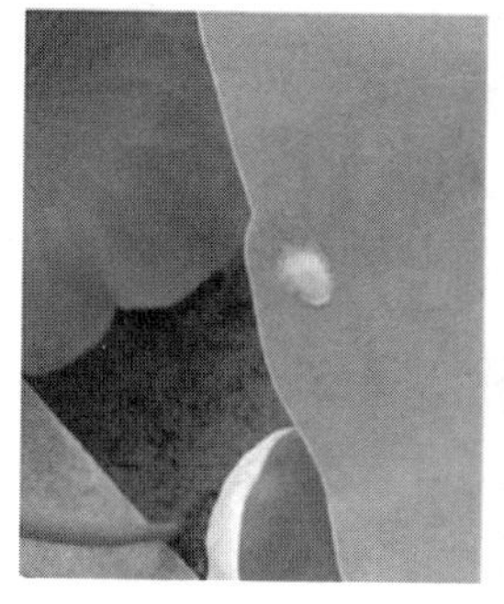

卵块（摘除）

孵化初期的幼虫（摘除叶片）

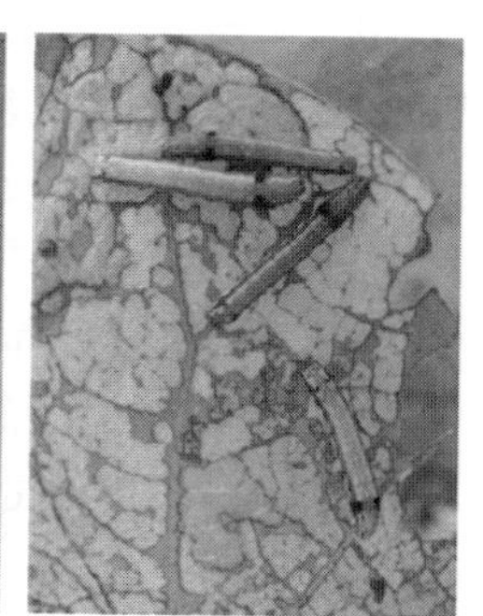

转移危害的幼虫

斜纹夜蛾

图 1-27　莲藕立叶叶面上的“两病一虫”及中喙丽金龟

三、立叶叶背及叶柄（包括花蕾及花柄）：“四虫”

1. 莲缢管蚜（*Rhopalosiphum nymphaeae*） 蚜虫（俗称腻虫、蜜虫等）中的一种，主要集中在幼嫩立叶的叶片背面和叶柄上，以及花蕾及花柄上（图 1-28）。莲缢管蚜是莲藕种植中最主要和最常见的害虫，也是重点防治的对象，事实上也是许多莲藕产区唯一需要用药防治的地上部病虫害对象。长江流域莲藕产区，5～6月是莲缢管蚜重点防治期。

2. 茶黄蓟马（*Scirtothrips dorsalis*） 茶黄蓟马对莲藕的危害以华南地区较重，有时需要专门防治；在长江流域地区以及以南地区极少发生，一般无需专门防治。

3. 福寿螺（*Pomacea canaliculata*） 原产于南美洲的热带和亚热带地区，被列为世界第 73 种最具危害性的入侵生物。自从 1980 年代引入台湾后，逐渐在亚洲传播。据调查，福寿螺已经由南向北传播到了长江流域，到了长江以北。在我国北缘地区自西向东分布，依次为云南泸水、洱源，四川攀枝花、会理、德昌、西昌、冕宁、雅安、都江堰、江油、广元、仪陇及宣汉，重庆开州、城口、巫溪及巫山，湖北宜昌夷陵区和远安、荆门东宝区、孝感孝南区、武汉黄陂区及英山，安徽安庆和肥东，江苏南京、仪征及姜堰，上海闵行等。福寿螺在韩国的北缘地区分布大致为牙山、尚州、荣州一线，在日本则到了茨城县。

4. 小龙虾（*Procambarus clarkii*，克氏原螯虾） 在莲藕定植后约 100 天内，小龙虾对莲藕植株危害较大，主要是夹断取食幼嫩叶簪。

防治方法：①莲缢管蚜和茶黄蓟马：用 10%溴氰虫酰胺可分散油乳剂 30～40 克/亩（有效成分）或 10%吡虫啉可湿性粉剂 1 500倍液喷雾，可以兼治莲缢管蚜和茶黄蓟马。②福寿螺：提倡人工捕捉、田间套养甲鱼捕食等方法防治。福寿螺盛发时，建议用茶籽饼 10～15 千克/亩，捣碎，撒施，保持 5 厘米水深。也可采用 2%三苯醋锡粒剂，或 80%聚乙醛可湿性粉剂或 8%灭蜗灵颗粒剂

莲缢管蚜

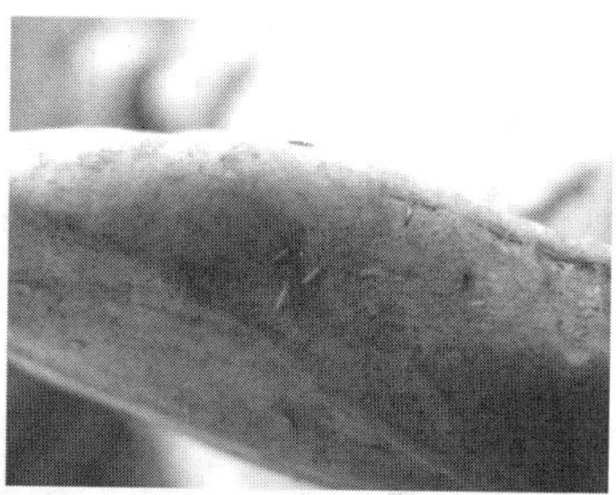

茶黄蓟马危害叶片

福寿螺卵块

小龙虾

图 1-28　危害立叶叶背及叶柄（包括花蕾及花柄）的 4 种主要害虫

等防治。③小龙虾：3 月下旬至 7 月中旬是长江中下游地区防治莲藕田间小龙虾的重点时期。莲藕定植前 3～7 天，用 2.5%溴氰菊酯乳油 40 毫升/亩均匀浇泼 1 次，田间水深保持 3 厘米。长江中下游地区部分实行“莲藕—小龙虾”种养结合模式的田块，应在5月下旬之前彻底杀灭或捕净田间小龙虾；7月下旬放养小龙虾后，应注意适当投喂饵料，加强水位管理，减少小龙虾对莲藕植株的伤害。

四、植株地下部分（根状茎）：“一病一虫”

1. 莲藕腐败病　病原菌主要为尖孢镰刀菌莲专化型（*Fusarium oxysporum* Schl. f. sp. *Nelumbicola*（Nis. et Wat.）Booth)。莲藕腐败病侵染根状茎（莲鞭和藕），破坏输导组织功能。典型症状是根状茎髓部变黑腐烂，并致地上部枯萎。根状茎和叶柄髓部变褐，甚至腐烂；叶片颜色变淡、变褐，叶缘向上翻卷，最后枯萎死亡。因莲藕腐败病危害较重时，可导致叶片枯萎，因而该病又叫莲枯萎病。莲藕腐败病是危害莲藕最为严重的一种病害，近年来，在河南、山东等黄淮莲藕产区有加重发生的趋势。

2. 莲藕食根金花虫（*Donacia provostii* Fairmaire）　又名食根叶甲，以幼虫危害，蛀食根状茎（莲鞭和藕）。因幼虫形似蝇蛆，故通常被称为“藕蛆”。幼虫危害植株后，一方面妨碍植株正常生长，长势减弱，导致莲藕腐败病的发生加重；另一方面严重影响莲藕产品的外观，致使商品性降低。莲藕食根金花虫以幼虫越冬，而且可以随种藕一起传播。目前，莲藕食根金花虫是莲藕产区最主要的地下害虫（图1-29）。

防治方法：①莲藕腐败病：定植前将种藕用50%多菌灵可湿性粉剂800～1 000倍液浸泡1分钟；发病初期，及时拔除病株，并用50%多菌灵可湿性粉剂800～1 000倍液喷雾。②莲藕食根金花虫：放养泥鳅、黄鳝等捕食莲藕食根金花虫幼虫。也可于4月下旬至5月中旬，用茶籽饼10千克/亩，捣碎，清水浸泡24小时，之后浇泼田间，或用5%辛硫磷颗粒剂3千克/亩加入50千克/亩细土内拌匀，施入莲藕植株根际。

立叶症状（叶片颜色变淡、变褐，叶缘向上翻卷，最后枯萎死亡）

根状茎（莲鞭）髓部褐变腐烂，
输导功能丧失

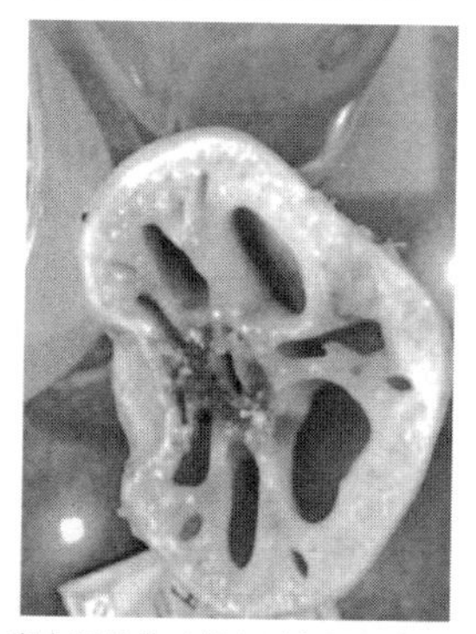

膨大根状茎（藕）髓部褐变腐烂

莲藕腐败病

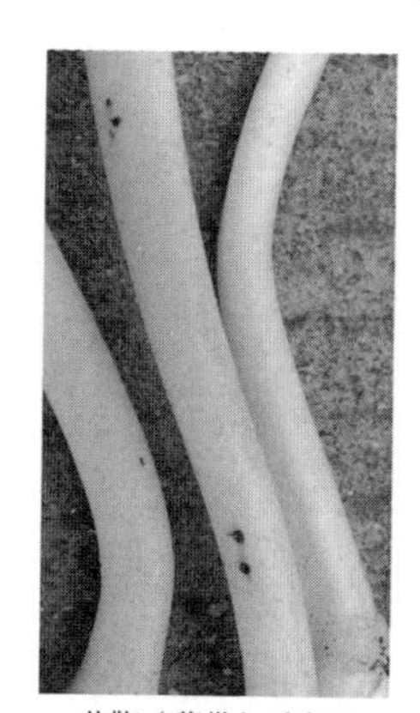

莲鞭（藕带）受害状

莲藕受害状

莲藕食根金花虫

图 1-29 危害莲藕植株地下部分（根状茎）的“一病一虫”

第二章

菜用睡莲栽培

每年的5～6月，在湖北等地集贸市场及餐厅会出现一种时令蔬菜，因其外观、口感与消费者熟悉的“芡实梗”（也称“鸡头苞梗”，芡实植物的叶柄和花柄）相似，许多不熟悉的人往往称之为“芡实梗”。但是，实际上这个时期真正的“芡实梗”尚未批量上市，所谓的“芡实梗”其实是睡莲叶柄和花柄，大多数消费者，甚至不少种植者都不熟悉这种蔬菜的植物学名称及分类地位。鉴于此，笔者将其称为“菜用睡莲”（食用睡莲，Edible waterlily），特指用作蔬菜栽培食用的睡莲。

第一节　睡莲植物分类

在植物分类学中，通常所见的睡莲属于睡莲科（Nymphaeaceae）睡莲属（*Nymphaea*）。根据对气候条件的适应性，睡莲属分为2个群（Group），即热带睡莲群（Tropical waterlily）和耐寒睡莲群（Hardy waterlily）；根据心皮着生状况，分为离生心皮群（Apocarpiae）和合生心皮群（Syncarpiae）。以这两种依据划分的群存在交叉。

热带睡莲群分为2个亚群（Subgroup），即白天开花睡莲（Day-blooming waterlily）亚群和晚上开花睡莲（Night-blooming waterlily）亚群。热带白天开花睡莲亚群包括澳洲亚属（*Anecphya*）和广热带亚属（*Brachyceras*）；热带晚上开花睡莲亚群包括新热带亚属（*Hydrocallis*）和古热带亚属（*Lotos*）。

耐寒睡莲群即北温带亚属（*Castalia*）（也称 *Nymphaea* 亚属），分为 3 个组（Section），即 *Chamaenymphaea* 组、*Eucastalia* 组（也称 *Nymphaea* 组）及 *Xanthantha* 组。

就对应关系而言，离生心皮群即热带白天开花睡莲亚群，包括澳洲亚属（*Anecphya*）和广热带亚属（*Brachyceras*）；合生心皮群则涵盖了热带睡莲群中的晚上开花睡莲亚群和耐寒睡莲群，包括新热带亚属（*Hydrocallis*）、古热带亚属（*Lotos*）及北温带亚属（*Castalia*）（表 2-1）。

表 2-1　睡莲属（*Nymphaea*）分类

群 Group	群 Group	亚群 Subgroup	亚属 Subgenera	组 Section	种 Specices
热带睡莲群 Tropical waterlily	离生心皮群 Apocarpiae	白天开花睡莲亚群 Day-blooming waterlily	澳洲亚属 *Anecphya*	—	*N.alexii*、*N.gigantea*、*N.atrans*、*N.immutabilis*、*N.georginae*、*N.macrosperma*、*N.carpentariae*、*N.violacea*、*N.elleniae* 及 *N.hastifolia* 等。原产澳大利亚和巴布亚新几内亚
			广热带亚属 *Brachyceras*	—	*N.ampla*、*N.caerulea*、*N.capensis*、*N.colorata*、*N.divaricata*、*N.elegans*、*N.gracilis*、*N.guineensis*、*N.heudelotii*、*N.micrantha*、*N.minuta*、*N.nouchali*、*N.ovalifolia*、*N.pulchella*、*N.sulphurea* 及 *N.thermarum* 等。原产区跨越亚洲、非洲及美洲的赤道带地区，经济价值高
	合生心皮群 Syncarpiae	晚上开花睡莲亚群 Night-blooming waterlily	新热带亚属 *Hydrocallis*	—	*N.amazonum*、*N.belophylla*、*N.conardii*、*N.gardneriana*、*N.glandulifera*、*N.jamesoniana*、*N.lasiophylla*、*N.lingulata*、*N.novogranatensis*、*N.oxypetala*、*N.potamophila*、*N.prolifera*、*N.rudgeana*、*N.tenerinervia* 等。原产南美和中美，没有园艺价值，花无吸引力，仅在晚上开 3～4 小时

（续）

群 Group	群 Group	亚群 Subgroup	亚属 Subgenera	组 Section	种 Specices
			古热带亚属 *Lotos*	—	*N. lotus*、*N. pubescens*、*N. rubra*、*N. petersiana* 等。观赏，普遍种植，花期长，黄昏到翌日拂晓开放。原产非洲、亚洲热带及澳洲、中美洲、南美洲、美国等地区分布，气温较高的欧洲地区也有发现
耐寒睡莲群 Hardy waterlily		—	北温带亚属 *Castalia*	*Chamaenymphaea* 组	*N. tetragona*、*N. leibergii*。欧洲、北亚及北美等温带地区分布，白天开花
		—		*Eucastalia* 组（*Nymphaea*）	*N. alba*、*N. candida*、*N. odorata*、*N. tuberosa*、*N. pygmaea* 等。原产较为温暖的欧洲、北美和一些非洲地区，白天开花
		—		*Xanthantha* 组	*N. mexicana*。原产北美和墨西哥的南部区域，白天开花

第二节　睡莲采集食用情况

一、国外采集食用睡莲的情况

传统种植，睡莲主要用于观赏，但在其原产地或引种分布区，同时也被采集食用。非洲、美洲、亚洲（南亚、东南亚）、澳洲等众多地区居民均有采集睡莲食用的习惯，采集食用器官主要为睡莲的花柄、叶柄及块茎等。如地处热带的泰国，主要采集热带睡莲花柄，当地消费者认为以开白花者最优，肉嫩质脆，烹煮不变色。花柄去皮后，用作新鲜蔬菜或制作泡菜。有的与椰奶一同煮食或加肉炒食，还有的用热带睡莲花柄与香蕉等一并煮制甜点。在印度，睡莲叶柄和根状茎用作蔬菜出售。在越南等，热带睡莲花柄也用作蔬菜销售（图 2-1）。

泰国Bueng Boraphet湖热带睡莲，
当地人采集花柄作为蔬菜销售

泰国Bueng Boraphet湖热带睡莲花柄，
湿地生长，人工自然采集食用

泰国Sakon Nakhon集贸市场上
待售的热带睡莲花柄

图 2-1　国外的菜用睡莲——以热带睡莲为主

二、国内睡莲菜用情况

多年来，我国人工栽培睡莲并采集用作蔬菜食用的地区较多，南至台湾，北至河北，睡莲种类包括热带睡莲和耐寒睡莲。其中，人工种植面积最大、产量最多的地区为湖北应城、仙桃及洪湖等地。湖北地区菜用睡莲产品器官为叶柄和花柄，栽培用品种属于耐寒睡莲（*Nymphaea tetragona*），早期的种植目的主要是为了赶在"芡实梗"（*Euryale ferox*）之前上市。在湖北地区，"芡实梗"是消费者非常喜爱的时令蔬菜之一，具有独特而明显的地域消费需求，但是，"芡实梗"正常上市期多在 6 月中下旬以后。5～6 月上市的菜用睡莲可以很好地填补这段时期。事实上，很长一段时期内，湖北地区 5～6 月上市的菜用睡莲大多也是以"芡实梗"的名义销售，因其时令早，价格高，种植效益也很可观（图 2-2）。另外，在河北的白洋淀地区，有一种号称“白花菜”的蔬菜，其实也是耐寒睡莲的叶柄和花柄。尽管热带睡莲和耐寒睡莲的叶柄和花柄采收期均可持续至 11 月，但热带睡莲不易越冬，而且春季萌发较迟，其叶柄和花柄的始采期多在 6 月以后，与“芡实梗”上市期相比，已没有优势。但是，在热带睡莲能自然越冬的南方地区，利用其进行菜用睡莲栽培，则可延长产品上市期。实践中，长江流域及其以北部分地区，采用热带睡莲进行人工湿地景区植物配置，在采取越冬措施之前，也可利用其叶柄、花柄甚至花瓣做菜用。

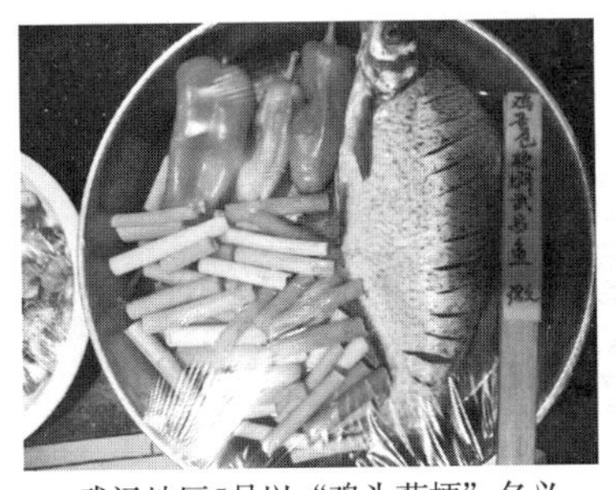

武汉地区5月以“鸡头苞梗”名义销售的菜用睡莲（耐寒睡莲）

武汉白沙洲农产品批发大市场内正在去皮包装的菜用睡莲（耐寒睡莲）

图 2-2　我国的菜用睡莲——耐寒睡莲

三、菜用睡莲营养价值及安全性

通过对湖北地区菜用睡莲产品进行了营养成分测定。检测结果（表 2-2）表明，与 100 多个品种的新鲜蔬菜检测数据相比，菜用睡莲是一种钠含量比较高的蔬菜，约高于 93%的蔬菜检测结果；绿梗品种的粗纤维、维生素 C 及锰（Mn）含量处于较高水平，红梗品种的维生素 C 和铁（Fe）含量处于较高水平。菜用睡莲质量安全水平也非常高，武汉市农业科学院蔬菜研究所曾经从产区采集菜用睡莲样品，送至农业农村部食品质量监督检验测试中心（武汉），对相关农药进行检测，结果为“未检出”；菜用睡莲中砷、铅、汞、镉 4 种重金属含量检测结果只占 GB 2762—2017《食品安全国家标食品中污染物限量》所规定限量值的1.0%～26.7%。

表2-2　每百克菜用睡莲叶柄营养成分含量

序号	营养成分	绿梗菜用睡莲	红梗菜用睡莲
1	干物质	4.75克	2.86克
2	蛋白质	0.69克	0.54克
3	可溶性糖	1.47克	0.86克
4	粗纤维	0.90克	0.70克
5	维生素C	41.60毫克	17.60毫克
6	钾（K）	126.90毫克	72.30毫克
7	钠（Na）	75.00毫克	99.60毫克
8	钙（Ca）	18.60毫克	10.00毫克
9	镁（Mg）	6.07毫克	2.19毫克
10	铁（Fe）	0.396毫克	1.06毫克
11	锰（Mn）	0.456毫克	0.17毫克
12	铜（Cu）	0.029毫克	0.02毫克
13	锌（Zn）	0.329毫克	0.25毫克
14	磷（P）	23.10毫克	12.4毫克
15	硒（Se）	0.10微克	0.10微克

第三节　菜用睡莲种植技术

菜用睡莲作为一种新型水生蔬菜，因其效益较高，逐渐引起农户的兴趣。近几年，除湖北省外，广东省等地也有部分农户开始种植，部分地区还将菜用睡莲种植作为扶贫开发项目。为此，在武汉市农业科学院、湖北省蔬菜办公室等单位的协助下，湖北电影制片厂专门拍摄了科教电影《菜用睡莲高效栽培技术》（国家电影局，电审科字〔2019〕第001号）。菜用睡莲的种植技术总体上比较简单，容易掌握。菜用睡莲本身就是来自观赏价值很高的水生花卉植物睡莲，“菜园”和“花园”的完美结合，可以打造出美丽的田园。

一、菜用睡莲栽培地区及品种

我国可以种植睡莲的地方均可以开展菜用睡莲种植。在热带睡莲能够露地越冬的地区（如珠江流域及其以南地区），热带睡莲和耐寒睡莲均可选择。在热带睡莲不能露地越冬的地区（如长江流域及其以北地区），热带睡莲越冬留种成本较高，且产品上市始期较晚（一般在6月以后）；耐寒睡莲因可露地自然越冬，不仅留种成本低，而且上市始期较早，产品可以填补“芡实梗”的市场空档期（5～6月），效益较好。在湖北地区，大面积栽培的菜用睡莲即属于耐寒睡莲，常见品种有‘红梗菜用睡莲’和‘绿梗菜用睡莲’。

目前，尚无专业化选育的菜用睡莲品种，现有所谓“菜用睡莲品种”实为农民对观赏睡莲品种的直接利用，只是菜用栽培的年份久了，被视为“菜用睡莲品种”。一般要求菜用睡莲的叶柄或花柄直径不小于10毫米，长度50厘米以上。至于食用部分的颜色、质地、营养成分、风味、生态适应性、产量等指标，则需要在今后的专业化品种选育中进一步细化确定。在东南亚地区采集食用的主要为热带睡莲花柄，我国华南地区可以选用热带睡莲品种进行菜用睡莲栽培。

二、菜用睡莲栽培模式

（一）单一栽培模式

菜用睡莲最常用的栽培模式是“一次定植，多年栽培”，田间单一种植菜用睡莲。

（二）种养结合模式

菜用睡莲植株一般能适应1～2米水深甚至3米的水体中生长。菜用睡莲植株扩展性较弱，即一旦定植，植株向定植穴外围扩展的速度较慢、范围较小。比较适宜的种养结合模式有：①“菜用睡莲—鱼”种养结合模式。在菜用睡莲田间预留一定空间，可以放养鲫鱼、鲤鱼、黑鱼、青鱼、白鲢、泥鳅、黄鳝等。②“网箱养鳝—菜用睡莲”模式。网箱鳝鱼水体中，一般网箱的面积仅占水面的40%左右，最高不超过50%。曾经试验，将网箱养鳝水体的空余水面的1/3（即总水面面积的17%～20%）用于种植菜用睡莲，是可行的。如一个总水面面积为6 670米^2（10亩）的网箱养鳝水体中，可以种植1 100～1 300米^{2}的菜用睡莲。在“网箱养鳝—菜用睡莲”模式中，网箱外的水体中，除了种植菜用睡莲外，也放养鱼类，但要防止草食性鱼对菜用睡莲的取食危害。实践中，网箱养鳝水面中菜用睡莲种植面积高达40%左右。种养结合模式中，菜用睡莲也是“一次定植，多年栽培”。

（三）菜用睡莲产地环境安全质量要求

强调产地环境安全质量的目的，主要是保障产品安全质量。对于单一种植菜用睡莲的产地，产地空气、土壤及灌溉水等安全质量应符合农业行业标准NY/T 5010—2016《无公害农产品　种植业产地环境条件》的要求；对于采用“菜用睡莲—鱼”种养结合模式产区，原则上讲，产地环境安全质量应同时符合农业行业标准NY/T 5010—2016《无公害农产品　种植业产地环境条件》和NY/T 5361—2016《无公害食品　淡水养殖产地环境条件》的要求。

（四）菜用睡莲土壤准备

与种植莲藕、茭白等水生蔬菜的田块准备一样，菜用睡莲田块也要求做到“地平、泥活、土肥、草净、水足”。其中，“地平”是要求地势平坦，便于灌溉均匀；“泥活”即耕作层土壤要疏松，便于增加土壤通透性及保肥、供肥能力等。菜用睡莲耕作层深度一般不要浅于20厘米；“土肥”是要求土壤肥沃，要做到这一点，增施肥料是重要而有效的措施。就基肥而言，可亩施商品有机肥400～500千克和氮磷钾复合肥（15-15-15）50千克；“草净”是要求做到田园清洁。因影响田园清洁的主要因素是田间杂草，大多数情况下，田园清洁工作就是清除杂草；“水足”指灌溉水源充足，菜用睡莲栽培时成株期水深一般为1.2～1.5米。菜用睡莲田要求排灌两便，但大多数情况下可以只灌溉不排水。

（五）菜用睡莲种苗准备

睡莲植物的种类很多，不同种类的睡莲其繁殖方式呈现多样化，有的只能以种子繁殖，有的只能无性繁殖，有的兼具有性繁殖和无性繁殖。其中，无性繁殖有块茎、球茎、根状茎、叶胎生苗等（图 2-3），不同的繁殖方式，种苗规格也不尽相同。目前，在菜用睡莲栽培面积较大的湖北地区，菜用睡莲种类属于耐寒睡莲，其种苗繁殖方式采用块茎分生繁殖，切取前端 5～8 厘米茎段作为种苗。为减少病害发生，宜于大田定植前用 50%多菌灵可湿性粉剂 500～800 倍液浸泡 1 分钟消毒。至于热带睡莲，尚无专门用于菜用睡莲栽培的情况，少部分在观赏栽培时附带采收菜用。这里不对热带睡莲种苗培育作进一步介绍。

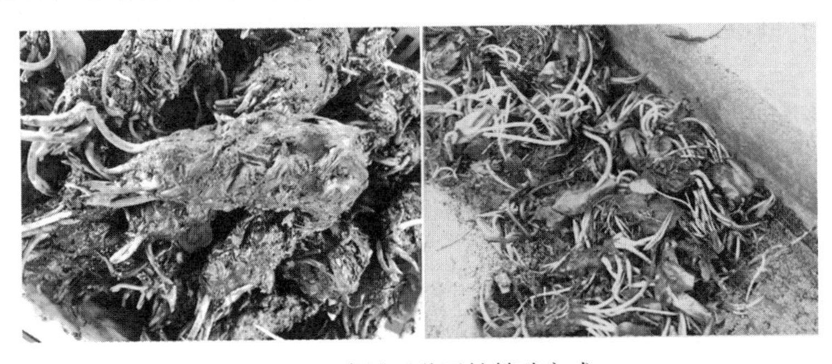

图 2-3　常见睡莲无性繁殖方式

（六）菜用睡莲大田定植

湖北地区菜用睡莲定植期为 3～4 月，定植行距为 1.5～2 米，株距为 0.75 米。定植深度以覆土盖住块茎或球茎、露出叶片为宜。其中，耐寒睡莲块茎宜平卧式摆放，热带睡莲球茎宜直立式摆放。定植期及幼苗生长前期，保持水深 10～20 厘米。

（七）菜用睡莲大田管理

1. 水深调节　随着植株的生长，逐渐加大水深。睡莲对水深适应性较强，一般单一种植的田块，植株长成后可保持水深 0.8～1.5 米。实行种养结合的田块，水深应同时满足睡莲种植和养殖的需要，如“网箱养鳝—菜用睡莲”模式中水深可为 1.2～1.6 米。第二年

2～4 月宜保持浅水，水深 10～20 厘米即可，利于植株萌发生长。

2. 追肥　进入采收期后，每 15 天追肥一次，每次可亩施尿素 10 千克及复合肥 5 千克。注意防止肥料溅落在叶片上，对溅落叶片上的肥料应及时冲洗干净。结合灌溉，将肥料加注于水泵进水口，使水肥一同进入田间，是一种快捷而省力的施肥方法。

3. 病虫草害防治　菜用睡莲主要虫害有蚜虫、斜纹夜蛾、水螟、害螺类等，主要病害有睡莲斑腐病、睡莲叶腐病、睡莲炭疽病等，主要杂草有水棉、浮萍。一般情况下，不必专门用药防治病虫害，特别是进入采收期后，通过采收可以减少部分病虫害。菜用睡莲田要避免使用菊酯类农药，防止产生药害。病害较重时，可以采用 50%多菌灵可湿性粉剂 800～1 000 倍液喷雾防治。在睡莲封行前重点防治杂草，宜人工打捞。结合追肥，撒施尿素等抑制浮萍生长；水棉可用硫酸铜水溶液浇泼，晴天进行，间隔 5～7 天再浇泼第二次。

（八）菜用睡莲采收

根据定植期和栽培年限的不同，4～6 月进行第一次采收，采收植株外围 5～10 个成熟叶片的叶柄及全部花柄，以后每隔 40 天采收 1 次，可连续采收 3 次（图 2-4）。

图 2-4　菜用睡莲采收（郭莉拍摄）

注：2018 年 7 月 16 日，湖北应城市长江埠街道雷岑村睡莲采收场景。

第三章

芡实栽培

第一节　芡实的主要分布地区及种类

芡实（*Euryale ferox* Salisb.）是一种大型水生植物，古人因其花似鸡冠、其苞形类鸡、雁头，故又名“鸡头”“雁头”，现使用较多的俗名为“鸡头”“鸡头苞”。其叶柄和花梗可作菜用，称“鸡头菜”“鸡头梗”“鸡头苞梗”“芡实梗”等；其种子脱壳后称为“芡米”“鸡头米”，历来是滋补佳品，也是药食同源植物。明代著名医药学家李时珍（1518—1593）在其《本草纲目》中介绍，芡实主治“止渴益肾，治小便不禁、遗精、白浊、带下”。

一、芡实栽培地区

芡实分布十分广泛，俄罗斯远东地区的滨海边疆区（Primorsky Krai）和哈巴罗夫斯克边疆区（Khabarovsky Krai），俄罗斯以南的中国、日本、韩国、缅甸、孟加拉国、印度等均有大量分布。其中，主要栽培地区在中国和印度。在我国北至黑龙江省，南至海南岛均有分布，其中山东省、安徽省、江苏省、湖北省、湖南省、江西省、广东省等地都是芡实重要产区。我国芡实传统产区多以湖区及其流域为主，如山东微山湖、江苏洪泽湖和太湖、湖北洪湖和涨渡湖、江西鄱阳湖、湖南洞庭湖等，自然采集和人工栽培并存。在自然湖泊水体内，高密度人工种植芡实时，由于化学肥料和化学农药的施用，以及大量植株残体留存湖内沉积，严重妨碍了湖泊水体质量的提升。因此，近年来，部分地区从生态环境改良角度出发，限制了自然湖泊水体内高密度种植芡实的行为，进而提升了人工池塘、水稻田或水旱轮作田种植芡实面积比例。

二、芡实种类和品种

（一）根据植物学性状划分

植物分类学上，芡实为一个种。园艺学上，可依据果实性状分为有刺果类型和无刺果类型。有刺果类型即刺芡或称北芡，野生、半野生或人工栽培。植株地上器官均密生刚刺，茎叶、果实、种子均较细小，一般干芡米产量 20 千克/亩。若外种皮薄，每 100 千克干壳芡可制干芡米 40～50 千克。尚无刺芡类型育成品种报道，不同地区栽培的刺芡也存在一定差异。无刺果栽培类型即苏芡或称南芡，除叶背具刺外，其他器官均无刺，植株个体较大，外种皮厚。苏芡的传统品种有‘紫花南芡’（也称紫花苏芡。早熟，花紫红色，定型叶直径1.5～2.5 米，果实圆球形，单果重 0.5～0.8 千克）和‘白花南芡’（也称白花苏芡。晚熟，花瓣白色，定型叶直径 2.0～2.9 米，果实长圆形，单果重 0.5～1.0 千克）。江苏省苏州市蔬菜研究所选育出系列优良品种，如‘大粒黄籽紫花苏芡’‘红花苏芡’‘姑苏芡 1 号’‘姑苏芡 2 号’‘姑苏芡 3 号’‘姑苏芡 4 号’等（图 3-1）。

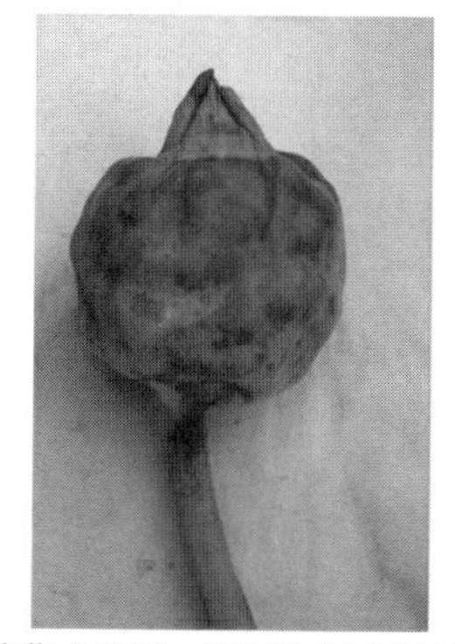

苏芡（果梗、果实及叶面无刺）

刺芡（果梗、果实及叶面有刺）

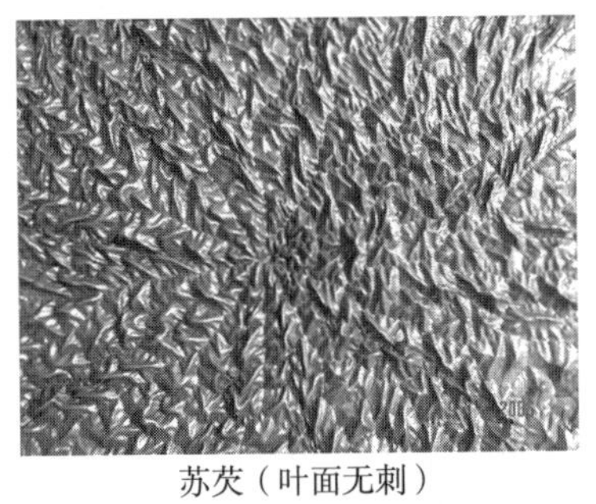
苏芡（叶面无刺）

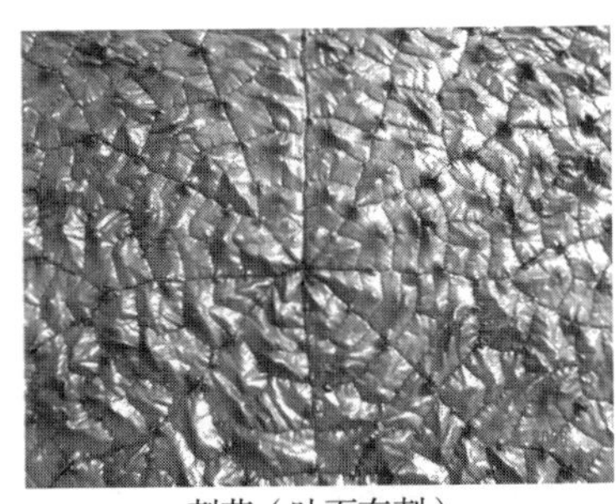
刺芡（叶面有刺）

苏芡（叶柄无刺）

刺芡（叶柄有刺）

图 3-1　刺芡和苏芡的主要区别（李明华拍摄）

（二）根据栽培目的划分

根据栽培目的，主要分为两类，一类以采收叶柄和花柄为主，即“鸡头菜”“头梗”“芡实梗”等；另一类以采收种子为主，产品为种子，脱壳为芡米。其实，这两类并无绝对的品种划分，有时也在同一田块内兼行芡实梗采收和种子采收。对芡实梗的消费习惯地域性较强，以湖北省为主，其次在江西省、湖南省等地也有一定规模，梗用栽培的种类主要为刺芡类型。湖北地区有人专门种植采收睡莲梗销售作蔬菜用，一般消费者难以区别睡莲梗和芡实梗，因二者的性状、颜色、质地及风味较为相似。通过检测，芡实梗内每 100 克鲜重钠含量为 80～95 毫克，与菜用睡莲近似。但是，钠含量对睡莲梗和芡实梗风味的影响还不清楚。以采收种子为主的芡实栽培，各产区皆有，刺芡和苏芡皆有应用（图 3-2、图 3-3）。

刺芡芡实梗去皮、包装、批发（武汉白沙洲农贸大市场）

图 3-2　芡实梗菜用

芡实种子脱壳，获取新鲜芡米（江苏洪泽）

脱壳干芡米

干壳芡脱壳车间及设备（江西余干县）

图 3-3　芡实种子生产脱壳及加工食用

第二节　芡实栽培模式

一、芡实栽培田块的特点及茬口配置原则

（一）芡实栽培田块的特点

其一，芡实植株在田时期不一。大田栽培时，芡实可以直播，也可育苗移栽。直播田块，芡实植株全年在田，只是冬季植株枯萎死亡至翌年春季萌发前，田间没有植株生长，但从首次直播之后的秋冬季开始，往往留存种子在田，并用作翌年栽培用种；育苗移栽时，芡实植株在田时期为移栽定植至采收完毕，长江流域地区的在田时期一般为6～10月。

其二，芡实栽培田块的水深变化大。芡实对水深的适应能力很强，栽培芡实田块的水深变化幅度很大，浅的0.2米，深的可以达到3米。根据现有栽培田块现状，大致分为三类，第1类为“浅水田”，通常保持水深20～50厘米，水深容易控制；第2类为“鱼塘”，常为精养鱼塘改种芡实，通常保持水深0.5～1.5米，水深也较容易控制；第3类为“自然湖塘”，水面较大，水深最大可达2～3米，水深受自然因素影响较大，一般难以人工控制。

（二）芡实田的茬口配置原则

作为水生植物之一的芡实，不存在明显的连作障碍。芡实田实行茬口配置时，田间配茬养殖的鱼类或配茬种植的作物不能妨碍芡实的正常生长发育及栽培管理，茬口配置中的栽培季节要相互衔接好。

在“芡实—其他作物”轮作模式中，“其他作物”栽培时期应为芡实植株不在田的时期，即第1年秋冬季节芡实采收完毕后，至第2年芡实苗移栽定植前，可以为旱生作物，也可以为水生作物。譬如长江中下游流域地区，芡实实行育苗移栽栽培时，大田栽培期为10月下旬至翌年6月上旬的作物，均可与芡实轮作。

在湖北地区，多数地区栽培芡实的目的是采收叶柄和花梗等“芡实梗”作为时令蔬菜上市。有的用直播（或上年遗存种子自然

萌发），有的用育苗移栽。育苗移栽采收芡实梗的田块，芡实植株在田时期可以进一步缩短。另外，配茬养殖鱼类或种植的作物与芡实能形成相互促进作用，同时有利于芡实种植环境的生态改良。

总之，芡实田茬口配置可以分为如下2类情况：

（1）直播芡实田　直播芡实田通常为鱼塘和自然湖塘水体，田间全年有水，适宜的模式为“芡实—鱼（虾）”种养结合。部分鱼塘，可以考虑与水芹、豆瓣菜等水生蔬菜轮作。

（2）育苗移栽芡实田　通常为浅水田、鱼塘，田间水深易于人工调控，其中浅水田甚至很容易改为旱田。育苗移栽的浅水田和鱼塘适于“芡实—鱼（虾）”种养结合模式和“芡实—水生作物”轮作模式，其中育苗移栽的浅水田还可采用“芡实—旱生作物”轮作模式（图3-4）。

浅水田种植芡实

鱼塘种植芡实

图3-4　常见的几种芡实种植田类型

二、芡实田块茬口配置方案

（一）芡实单一种植模式

传统种植，芡实主要采取单一种植模式，同一块田内只种植一季芡实。有的采取种子直播，有的采取育苗移栽。在印度比哈儿邦（Bihar）北部，有人曾在“浅水田”进行一年两季栽培芡实（所用品系为‘Sel-6’）的试验，效果较好。其中，第1季芡实，提前育苗，2月上旬大田定植（株距1.2米，行距1.25米），6月下旬采收种子；第2季芡实，7月上旬大田定植，11月上旬采收种子。

尽管第2季芡实的产量比第1季芡实的产量低26.92%，但总体上可提高土地综合利用率，增加单位面积芡实总产量。这对于我国华南芡实栽培地区一年两季栽培模式具有一定的借鉴意义。

（二）“芡实—鱼”种养结合模式

“浅水田”“鱼塘”及“自然湖塘”芡实田皆可实施“芡实—鱼”种养结合模式。在该体系中，芡实植株形成有机物有利于增加水体浮游生物量。来自芡实植株的有机碎屑，不仅为底栖鱼类提供养分，而且也是浮游动物、昆虫幼虫、线虫、腹足动物（蜗牛、螺等）生长的基质。鱼可以抑制芡实害虫，同时鱼的粪便又为芡实提供有机肥。实行“芡实—鱼”种养结合模式时，要防止鱼类可能对芡实种子（如鲤鱼采食芡实种子）及植株（尤其是幼苗）产生危害。对于草食性鱼类，应控制或减少数量，延迟放养时期。芡实田内可以放养鲫鱼、鲤鱼、青鱼、乌鱼、泥鳅、黄鳝、鲢鱼、草鱼、鳙鱼、鲶鱼、罗非鲫鱼、鲮鱼等。至于芡实田内放养的具体鱼种及数量，要视具体田块和管理水平而定，目前基本都是经验数据。有人提出，在以芡实（包括莲藕、籽莲、茭白等）栽培为主、套养鱼类为辅的田内，鱼产量期望值设定为50～100千克/亩，是比较适宜的。“芡实—鱼”种养结合模式中，要做好围埂、鱼沟、鱼溜、平水缺、防逃等设施建设，并防止捕食性鱼或水鸟对套养鱼的危害。

安徽地区有人在“鱼塘”（水深80～100厘米）种植芡实时，每亩芡实田放养规格为500克/尾的鲤鱼或50克/尾鲫鱼100千克，搭配规格为500克/尾的白鲢50千克。芡实田套养泥鳅，是一个非常好的模式。湖北地区专家提出，芡实、莲藕、籽莲等水生蔬菜田套养台湾泥鳅时，每亩放养寸片（长3～4厘米）3 000尾，5～6月中旬放养，9月底之前捕捞，平均单重50克，只要成活1 000～2 000尾，则总产可达50～100千克。江苏洪泽县有人在“鱼塘”（水深50～100厘米）种植芡实时，每亩放养长约3厘米的泥鳅苗1.5万～2万尾，收获泥鳅30～50千克；或每亩放养体长4～8厘米规格的泥鳅苗60～80千克，经4个月养殖，单个泥鳅体长达10

厘米、体重达 12 克捕捞上市。江苏无锡有人在“浅水田”（水深 30～40 厘米）芡实田套养泥鳅时，在芡实定植后 15～20 天，每亩放养体长 8～10 厘米规格泥鳅苗 5 000～6 000尾，在芡实种子采收完后对泥鳅一次性捕捞。

除了“芡实—鱼”种养结合模式外，实际上还有“芡实—鱼”轮作模式，即鱼塘养鱼一定年限后，改种芡实。尤其在老旧鱼塘改良中，可以采用“芡实—鱼”轮作模式。譬如，连续 3～5 年养鱼后，改种芡实 1～2 年，对于老旧鱼塘改良有较好的效果。

（三）“芡实—小龙虾”种养结合模式

近年来，芡实田套养小龙虾是新开发的一种种养结合模式。不论“浅水田”“鱼塘”还是“自然湖塘”芡实田块，均可采用该模式。育苗移栽时，定植初期及定植后一段时期的芡实植株比较幼嫩，容易受到小龙虾危害，嫩茎被夹断，导致死苗。因此，需要采取措施，避免小龙虾对芡实幼苗的危害。譬如长江中下游地区，宜于芡实定植前（5 月下旬至 6 月中旬）捕净或灭除田间小龙虾，在芡实苗期过后投放小龙虾苗。江苏洪泽县经验作法，在浅水田栽培的芡实田内，8 月底投放体长 3～5 厘米（平均 50 尾/千克）虾苗 30 千克/亩，翌年 3 月 10 日至 5 月 30 日捕捞，平均产量 112 千克/亩。江苏盐城市试验，7～8 月分 3 批投放规格为 80～100 尾/千克虾苗 20～25 千克/亩，芡实旺盛生长期保持水深 50～60 厘米，芡实采收前 1 个月保持水深 35～40 厘米，翌年 4 月中旬至 6 月上旬捕捞。此外，也可于 7～9 月投放种虾 18～20 千克/亩（雌雄比 3∶1，个体重 40 克以上，用于繁殖幼虾），或 9～10 月投放幼虾(每亩投放脱离母体后的幼虾 1.5 万～3 万尾)，翌年 3 月开始捕捞，至芡实定植前捕净。芡实田套养小龙虾时，应事先建设好围埂和防逃设施、排灌设施，开挖围沟及田内虾沟等。

（四）“芡实—水生蔬菜”轮作模式

“芡实—水生蔬菜”轮作模式中，适宜采用的种类主要有水芹和豆瓣菜。其中，水芹 10 月上中旬排种，翌年 1～3 月分期采收；

豆瓣菜于10月上中旬定植，11月至翌年4月分批采收。

（五）“芡实—旱生蔬菜”轮作模式

在“芡实—旱生蔬菜”轮作模式中，如果芡实栽培田块为“浅水田”，则更容易与旱生蔬菜轮作，而且可以用于与芡实轮作的旱生蔬菜种类很多，但凡大田直播或移栽定植不早于10月下旬、采收期不迟于6月上旬的旱生蔬菜均可用于轮作，如马铃薯、春萝卜、春甘蓝、春菜豆、春莴苣、瓠瓜、小白菜、苋菜、落葵、菠菜、雪里蕻、冬芹菜等。如果采用设施，则可以与芡实轮作的旱生蔬菜种类更加丰富。利用芡实（也可以是其他水生蔬菜）与旱生蔬菜进行水旱轮作，是目前克服设施蔬菜连作障碍最为经济有效而简单的方法。

（六）“芡实—农作物”轮作模式

“芡实—农作物”轮作模式也以“浅水田”芡实种植区更加适宜。在“芡实—农作物”轮作模式中，油菜9月中下旬播种育苗，10月下旬移栽，翌年5月上中旬收获；冬小麦10月下旬至11月上中旬播种，翌年5月下旬至6月上旬收割。“芡实—马铃薯”和“小麦—芡实”轮作模式也是印度芡实主产区比哈尔邦等地采用的轮作模式，当地接马铃薯后茬的芡实移栽定植期为3月上中旬，接小麦后茬的芡实定植期为4月上旬。我国华南芡实产区与印度比哈尔邦纬度和气候环境类似，可以借鉴参考。

第三节　芡实种植技术

一、产地环境条件

产地环境空气、灌溉水及土壤安全质量技术指标要求符合农业行业标准NY/T 5010—2016《无公害农产品　种植业产地环境条件》，这是最基础的标准。绿色食品要求符合农业行业标准NY/T 391—2021《绿色食品　产地环境质量》的要求，有机农产品要求符合国家标准GB/T 19630—2019《有机产品　生产、加工、标识与管理体系要求》的相关要求。

二、品种选择

根据栽培目的不同，选择相应的品种，如以采收芡实梗为主时，湖北、湖南、江西等产区偏好选择有刺果类型（刺芡、北芡）；以采收种子为主时，有刺果类型和无刺果类型（苏芡、南芡）均可。目前，我国尚无有刺果类型人工选育品种，均为野生类型人工栽培，但不同地区的栽培野生类型“品种”存在差异，如湖北洪湖芡实、山东微山湖芡实、安徽天长芡实、江西余干芡实、广东肇庆芡实；无刺果类型有紫花南芡、白花南芡、大粒黄籽紫花苏芡（群力种）、红花苏芡、姑苏芡 1 号、姑苏芡 2 号、姑苏芡 3 号及姑苏芡 4 号等人工选育品种。主要在江苏栽培，其他地区也有一定规模种植。就种子产量而言，以苏芡系列品种较高。

三、种苗准备

1. 播种育苗　苗床要求地面平整，无杂草，且避风向阳。长江中下游地区，一般于 3 月中下旬至 4 月上中旬催芽。催芽方法通常采用浅盆盛水，淹没种子 5 厘米左右，日晒（起增温作用）数日，至部分种子露白。晒种期间，每日置换清水。也可将清水浸泡的种子，连同容器，一并置于温棚内催芽。将已催芽的种子按 300 粒/米^2 均匀撒播。灌水 10 厘米，随芡苗生长逐渐加深至 15 厘米。播种后 30～40 天，幼苗具有 2～3 枚箭形叶时，移苗假植。假植苗床要求平整、肥沃、无杂草，瘦田可施适量基肥。从播种苗床将幼苗带籽掘起，轻洗附泥，理顺根系。假植间距 50～60 厘米，深度以种子、根系及发芽根入泥为度，勿埋没心叶。初期保水 15 厘米，后逐渐加深至 30～50 厘米。防止浮萍等杂草滋生危害。

生产上，也可不催芽，将芡实种子直接撒播水深 10～30 厘米育苗池内，任其随着气温上升而自然萌发成苗，之后用于大田移栽（图 3-5）。

2. 大田直播或自然留种　大田直播即直接将芡实种子播种于

大田（一般为3～4月）。自然留种指利用上一年的芡实植株遗存田间的种子，随着春季气温升高而自然萌发成苗，直接用于大田栽培。其中，大田直播用种量为1.5～2.0千克/亩；利用遗存田间种子时，翌年萌发而成的幼苗，大多可以满足栽培生产的需要，而且通常需要疏苗。直播或自然留种的大田内，特别注意苗期（长江中下游流域地区一般为4月上旬至6月中旬）不能有小龙虾和草食性鱼类危害。

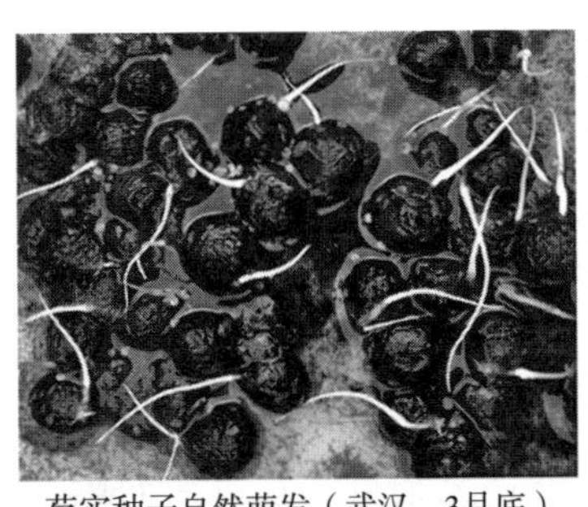
芡实种子自然萌发（武汉，3月底）

箭形叶期

盾形叶期至圆形叶出现

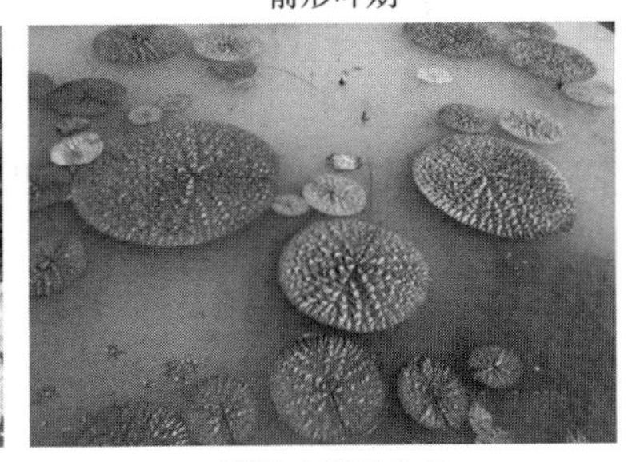
圆形叶扩展生长

图3-5 芡实种子萌发及幼苗期形态

四、大田准备

芡实种植田块，应与自然湖塘水体隔离。宜选择“浅水田（通常为稻田，能保持水深0.2～0.5米）”和“鱼塘（常为精养鱼池，能保持水深0.5～1.5米）”，要求平坦、疏松、肥沃、排灌便利，清除杂草。中等肥力田块，亩施复合肥50千克作为基肥。若为养鱼多年的老鱼塘（鱼池），可以 2～3 年内不施肥。

近些年，一些地区从保护环境角度考虑，禁止在天然水域（自然湖塘）投肥（粪）、投饵养殖，有的地区甚至明确禁止在自然湖塘水体种植芡实。例如，湖北武汉市江夏区辖区范围内梁子湖港渠两边 500 米范围内有精养鱼池 3 700 公顷以上，当地已全面禁止投肥养殖模式，并于 2019 年 12 月底全面关闭这些精养鱼池。其中，一些养殖年限较长的精养鱼池，如果改种芡实，2～3 年内不施肥，能够满足“禁止投肥”的要求。

五、大田定植

1. 浅水田和鱼塘　长江中下游地区，采用育苗移栽时，宜于 5 月下旬至 6 月中旬定植，定植用苗宜具有 2～3 片圆盾形叶，且大叶直径达 25～30 厘米。从假植苗床起苗，尽量少伤根、叶，勿使泥污叶片，顺齐摆放，保湿、遮荫防晒。以采收芡实籽为栽培目的大田，定植行距 2.0～2.5 米、株距 2.0 米，每亩定植 130～170 株，一般为 145 株/亩左右。边行距离田埂 1 米，相邻行间定植穴交叉相对，定植深 15～20 厘米；以采收芡实梗（叶柄和花柄）为栽培目的的大田，定植行距 2 米、株距 1.3 米，每亩定植 250 株左右。定植后 7～10 天查苗，补齐缺株。采用直播或自然留种的大田，宜及时进行疏苗，留苗密度与育苗移栽的大田相同。

2. 自然湖塘　以保护和改善生态环境质量为主的原则，自然湖塘内芡实种植密度不宜过大，但对于具体的适宜密度，目前缺乏试验数据支撑。根据对自然湖塘芡实生长情况的现场考察，直观估计芡实叶片对水面的覆盖率不超过 75%时基本是可行的。建议自然湖塘种植或保留的芡实株数每亩不超过 100 株。在净化水体的同时，也提供部分产品（芡子、芡梗）。自然湖塘内，如果存在大量小龙虾或草食性鱼类（尤其是芡实种子萌发期及苗期），则不适合种植芡实。

六、大田管理

1. 水深调节 水深对芡实生长发育的影响较大，但只有利用浅水田和鱼塘种植芡实时，才容易实施水深调节。分别设置10厘米、20厘米、30厘米、40厘米、50厘米及大于50厘米水深进行比较试验，结果表明，水深30厘米时，叶片直径、叶柄长度和花梗长度均为中等，但单株结果数、单果结子粒及单位面积种子产量均为最高；水深大于50厘米时，叶片直径、叶柄长度和花梗长度均为最大，但单株结果数处于较低水平，单果结子粒数和单位面积产量则均处于最低水平。因此，建议定植后10天内水深为10～20厘米，之后逐渐加深。其中，采收芡实种子为主的大田，宜保持水深30厘米；采收芡实梗为主的大田，宜保持水深50～150厘米。至于一些不易进行水深调节的鱼塘和自然湖塘水体，则不必强调水深的调节，只要芡实植株能正常生长发育即可。

2. 追肥 采用浅水田和鱼塘进行芡实栽培时，通常要进行追肥。宜在植株形成3～4片浮叶时，每亩追施氮磷钾复合肥（15-15-15）50千克、尿素20千克、硫酸钾肥10千克，以株为单位均匀施于新根附近。以采收芡实种子为栽培目的的田块，于开花结果期择晴天傍晚，叶面喷施0.3%磷酸二氢钾和0.1%硼酸混合液，共2～3次；以采收芡实梗为栽培目的的田块，初次采收后，每15天追施一次尿素，每次每亩10～15千克。

3. 病虫害防治及除草 危害芡实的病虫害种类较多，如叶瘤病和叶斑病，食根金花虫、菱萤叶甲、小龙虾、福寿螺、耳萝卜螺、大脐圆扁螺等，还有老鼠等（图3-6）。需要重点防治的病虫害有叶瘤病和叶斑病，于发病初期，向叶面喷施70%甲基硫菌灵800～1 000倍液，喷雾防治。以采收芡实梗为栽培目的的田块，进入采收期后不用药防治，通过采收，及时清除病叶；清除塘边和沟边等处莎草科杂草，减少菱萤叶甲越冬卵。虫害发生时，喷90%敌百虫晶体1 000倍液，或喷20%三唑磷乳油700倍液防治；小龙虾宜在芡实苗期用2.5%敌杀死乳油2 000～3 000倍液喷洒杀灭，或人工捕捉；

福寿螺、耳萝卜螺及大脐圆扁螺皆可用6%四聚乙醛颗粒剂400～550克/亩或25%杀螺胺乙醇胺盐可湿性粉剂60～80克/亩，拌细土5～10千克均匀撒施，田间保持浅水7天。对于田间杂草，宜及时人工拔除。其中，浮萍除人工打捞以外，可以结合追肥，撒施尿素或碳酸氢铵于浮萍表面，抑制其生长；水绵可采用硫酸铜0.5千克/亩，化水，晴天浇泼，连续2次，间隔5～7天等。

芡实叶瘤病

耳萝卜螺、大脐圆扁螺共同危害芡实

图3-6　芡实主要病虫害

七、采收

1. 以采收种子为栽培目的　①以采收鲜芡米为目的，在外种皮呈橙红色时采摘；②以采收干芡米为目的，外种皮呈橙黄色时采摘（外种皮尚未变硬）；③以采收老熟种子（壳芡）为目的，可以分期分批采收，也可待种子成熟沉底后，利用机械一次性采收。目前，常用的芡实采收机械为XL-1950-D5型芡实收获机，根据经验，该型机器不适合沉水植物较多的湖塘水体。

2. 以采收芡梗为栽培目的　有2种采收方式，一是根据植株长势，分期分批采收，每次采收后保留一定数量叶片继续生长。一般于5～6片浮叶时开始分期采收，保持每株有3～4片浮叶；二是植株长成后，一次性采收完毕。

八、留种

选品种特征典型、果多、果大单株，取大果，再选留充实、饱满、深色种子，淘洗干净，置于透气良好的容器中，于 30～40 厘米深水下贮存越冬。期间，要定期翻动淘洗种子。或任由选留种株种子成熟，自然脱落田中留种，翌年自然发芽生长。

第四章 莲文化

我国的莲文化丰富多彩，同时莲文化也是一种国际性的文化，讨论莲文化，不仅要立足我国，也要放眼世界。在我国，莲（*Nelumbo nucifera*）又称荷，是我国十大名花之一。莲在世界范围内的分布非常广泛，但以中国的种质资源最为丰富，是莲的生物多样性中心。莲在中国栽培利用的历史亦最为悠久，文字记载达3 000年以上。在我国，莲不仅产业非常发达，而且文化内涵极为丰富。但是，在世界范围内论及莲文化，由于历史、语言、文字、宗教、习俗、环境及植物学专业知识等方面的差异，莲文化实践中以“莲”名出现的植物种类则不仅仅限于莲（*N. nucifera*）。莲文化所涉及的植物分类学种类，比莲（*N. nucifera*）的范围更加广泛。

第一节　“植物学莲”和“文化莲”

研究和发展“莲”文化及其产业，首先要明确“莲文化”中的“莲”具体所指的是什么种类的植物，这是研究和发展莲文化的基础。在世界范围内的莲文化实践活动中，从不同角度对“莲”有不同的认识，一是从现代植物分类学角度认识的“莲”，二是从文化角度认识的“莲”，也就是文化实践活动中涉及到的“莲”。

一、植物学莲

“植物学莲”（Botanical lotuses）指植物分类学中的莲科莲属植物，具体植物种类为莲（*N. nucifera*）和美洲黄莲（*N. nucifera lutea*）。其中，莲（*N. nucifera*）英文名 Asia lotus（亚洲莲）、Sacred lotus（圣莲）、Indian lotus（印度莲）、Chinese lotus（中国莲）等。中国一般称莲、荷、藕等，泰国称 Bua Luang，巴基斯坦称 Bhain，日本称 Hasu 和 Renkon，越南称 Bong sung ma，印度称 Padam、Pundarika、Kamala、Ranga padam 等，斯里兰卡称 Padma、Kamala 及 Pankaja 等，孟加拉国也称 Padma，菲律宾称 Baino。莲主要分布在亚洲的中国、泰国、印度、斯里兰卡、缅甸、越南、印度尼西亚、马来西亚、菲律宾、日本、韩国、朝鲜、巴基斯坦、伊朗、阿塞拜疆等国家或地区，以及俄罗斯的伏尔加河三角洲流域和西伯利亚地区。欧洲、澳洲、新西兰及美国、巴西、圭亚那等美洲地区亦有引进种植。非洲的毛里求斯也有引进种植，近些年随着中非交流，莲已被引种到非洲大陆的南非等国家栽培。

园艺学上，通常根据主要用途将莲（*N. nucifera*）分为三类，即以采收莲的膨大根状茎为主的藕莲（也叫莲藕、莲菜、荷藕等，栽培品种约 300 个）、以采收莲子为主的籽莲（也叫莲子，栽培品种约 100 个）及以观花为主的花莲（栽培品种约 1 000 个）。中国是世界上莲种质资源最丰富的国家，就莲膨根状茎（莲藕）而言，小者单支重量不足 50 克，大者可达 8 千克以上；就莲的花色而言，有白色和红色两个基本色，大多数品种的颜色为白色至红色之间的中间颜色，少部分品种呈现红白色嵌合；就莲的株型而言，小者株高不足 1 米，大者株高可达 2～3 米以上；就莲的花型而言，花朵大小、花瓣数、花瓣大小、花瓣形状、雄蕊和雌蕊瓣化程度、结子性、种子（果实）大小和形状以及花期等，变异也都非常丰富。

美洲黄莲（*N. lutea*）英文名为 American lotus、也称 Yellow

lotus 等，以其花色黄色而显得独特。美洲黄莲原产于美国东部和中部地区，主要分布在北美洲。在美国的北至缅因州和威斯康星州，南至佛罗里达州和德克萨斯州，共 32 个州均有分布；在加拿大的安大略最东南有分布；在西印度群岛和南美的巴西存在原生群体；在墨西哥的塔毛利帕斯州也有分布。美洲黄莲在其原产地也曾经被当地居民采集食用，但相对于莲（*N. nucifera*）而言，食用价值低。

美洲黄莲引入中国后，由于其品种数量少、类型单一，被划归为花莲类型，也被用于与花莲杂交，选育新的花莲品种。科技文献中，通常采用狭义的文化“莲”概念，即植物学概念上的“莲”，多数情况下指莲（*N. nucifera*）。

二、文化莲

“文化莲”指从文化角度认识和利用的“莲”植物，也就是文化实践活动中的“莲”，主要指“植物学莲”和“植物学睡莲”(botanical waterliles)。狭义的“文化莲”，通常单指“植物学莲”，或指“植物学莲”与“植物学睡莲”。

植物学睡莲即睡莲科（Nymphaeaceae）睡莲属（*Nymphaea*）睡莲（*Nymphaea* spp.）。睡莲科萍蓬草属的萍蓬草（*Nuphar pumilum*）花小，但叶片形状和生境与睡莲类似，偶尔也归入睡莲类植物一并利用。睡莲属植物有 50 多个种，其中有园艺价值的约有 40 个种，栽培品种约 1 000 个。睡莲种类品种繁多，分布广泛，几乎全世界都有种植。睡莲以其花期长、花型丰富为主要特色，其花色有白色、黄色、红色、紫色、蓝色等多种类型。

世界范围内，在进行水景园植物配置时，植物学“莲”和“睡莲”大多被同时选用或单独选用，可以说是水景园中的核心植物。业界评价，植物学“莲”和“睡莲”为“水生植物皇后”，还有人称之为“水景园皇冠上的宝石”。

广义“文化莲”则包括更多的相关植物学种类。例如睡莲科王莲属（Victoria）植物——亚马逊王莲（*Victoria amazonica*）和克鲁兹王莲（*Victoria cruziana*），以及这两个种的杂种长木王莲（Victoria 'Longwood Hybrid'），通常被纳入"文化莲"的范畴。王莲主要用作观赏，芡实在中国和印度是重要的水生经济作物，但王莲与芡实均以叶片巨大著称，王莲和芡实叶片大小相近，形态相似，而且生境与植物学莲、睡莲及王莲相似。因此，睡莲科芡属植物芡实（*Euryale ferox*）也常被列入"文化莲"的范畴。萍蓬草（*Nuphar pumilum*）叶形似睡莲，生境亦与睡莲近似，也通常在莲文化活动中出现。

总之，在世界范围内谈及莲文化，广义的文化莲所涉及的水生植物种类分别属于莲科莲属及睡莲科的睡莲属、萍蓬草属、王莲属及芡属等5个属、40多个种，但以莲科莲属和睡莲科睡莲属为主（表4-1）。就中文名称而言，名称中有"莲"字的，除了莲科莲属的莲和美洲黄莲外，还有睡莲科睡莲属的睡莲和王莲；就英文名称而言，广义的文化莲名称中waterlily使用最普遍。或许，这也是文化莲涉及到这些种类的原因之一。

表4-1 "文化莲"所涉及的植物种类

序号	科	属	种（拉丁学名）	中文名	英文名
1	莲科	莲属	*N. nucifera*	莲、亚洲莲、印度莲、中国莲、荷	Asia lotus、Sacred lotus、India lotus、Chinese lotus、Sacred waterlily
2	莲科	莲属	*N. caspica*（*N. nucifera* 的异名）	里海莲	Caspian lotus
3	莲科	莲属	*N. komarovii*（*N. nucifera* 的异名）	科马洛夫莲	Komarov lotus
4	莲科	莲属	*N. lutea*	美洲黄莲、黄莲	American lotus、Yellow lotus、Yellow waterlily
5	睡莲科	睡莲属	*Nymphaea* spp.（约40个种）	睡莲	Waterlily
6	睡莲科	萍蓬草属	*Nuphar pumilum*	萍蓬草	Little waterlily、Dwarf cowlily

（续）

序号	科	属	种（拉丁学名）	中文名	英文名
7	睡莲科	王莲属	*Victoria amazonica*	亚马逊王莲	Giant waterlily、Victoria amazon
8	睡莲科	王莲属	*Victoria cruziana*	克鲁兹王莲	Giant waterlily、Victoria cruziana
9	睡莲科	王莲属	*Victoria* 'Longwood Hybrid'	长木王莲	Giant waterlily、Victoria 'Longwood Hybrid'
10	睡莲科	芡属	*Euryale ferox*	芡实	Gorgon euryale、Foxnut、Prickly waterlily、Makhana

第二节 莲文化意蕴

“莲”的文化意蕴包含两方面：一方面是人类赋予的，即人们在自己的生活实践中，根据“莲”本身的特征特性所产生的联想，进而赋予“莲”的文化内涵，如神话内涵、宗教内涵、品德内涵、形象内涵等；另一方面是“莲”本身所具有功能或价值的体现，即对于人类“莲”具有的实用功能或价值，如食用、药用、保健、生态、景观、美学、原材料等诸多方面的功能或价值等。

一、中国“莲”的文化意蕴

中国是莲（*N. nucifera*）的起源地之一，从东北至华南的广大地区均有众多的野生莲分布。在我国的广西、江西、海南等地的始新世（约距今 5 300 万年至 3 650 万年）地层中曾出土过莲叶、莲蓬、莲子及莲藕的化石；浙江普陀山晚更新世的湖泊相沉积底层中出土过莲属的化石坚果；辽宁、天津、河北及山东等地出土过莲属的孢粉化石。如被命名为长昌莲的莲属化石种（出土于海南省琼山县境内的长昌盆地），仅从化石方面看不出其与现存莲（*N. nucifera*）的区别。洞庭湖地区位于湖南澧县的八十垱遗址中，曾在地表下 4.5 米处的古河道黑色淤积层中发现莲和菱角等水生植物，距今8 000～9 000年。浙江余姚河姆渡遗址第一期文化遗存（距今6 500～7 000年）中发现莲（*N. nucifera*）和菱角（*Trapa natans*）、芡实（*Euryale ferox*）及香蒲（*Typha* sp.）等水生植物遗存。河南郑州也曾出土仰韶文化晚期（约5 000年前）的莲子。在湖南长沙马王堆汉墓中，甚至还出土过西汉时期的莲藕切片。在辽宁普兰店、山东梁山县及河南杞县等地均出土过千年以前的古莲子，有些至今仍能萌发生长。就现有种质资源丰富程度而言，中国更是莲的遗传多样性中心，是世界上莲种质资源最丰富的国家。

据莲（*N. nucifera*）的文字记载历史，中国也是莲文化历史最悠久的国家，约3 000年前的《诗经》中就有记载。如《诗经·泽陂》“彼泽之陂，有蒲与荷。有美一人，伤如之何？寤寐无为，涕泗滂沱。彼泽之陂，有蒲与蕑。有美一人，硕大且卷。寤寐无为，中心悁悁。彼泽之陂，有蒲菡萏。有美一人，硕大且俨。寤寐无为，辗转伏枕。”《诗经·山有扶苏》“山有扶苏，隰有荷华。不见子都，乃见狂且。”《诗经》中的“荷”和“菡萏”指莲（*N. nucifera*）。2 300多年前，楚国诗人屈原的《离骚》有“制芰荷以为衣兮，集芙蓉以为裳”的句子。大约成书于秦汉间的我国首部字书《尔雅》的《释草》篇中对莲（*N. nucifera*）的描述：“荷，芙渠。其茎茄，其叶蕸，其本蔤，其华菡萏，其实莲，其根藕，其中的，的中薏。”《释草》另有条目：“的，薂。”东晋郭璞注：薂“即莲实也”。在《尔雅》存留的文字中，《释草》用2个条目的文字最系统地描述了莲。说明我国2 000多年前的先民对莲非常熟悉，认识深刻。

佛教传入我国后，我国文化对莲的认识又有了新的升华。随着佛教的传播与兴盛，我国古人将佛教对文化莲的认识与利用集中到莲（*N. nucifera*）上。佛教经典《妙法莲华经》以莲花（莲华）出淤泥而不染，比喻佛法的洁白、清净。这一比喻，被我国北宋·周敦颐《爱莲说》用“出淤泥而不染，濯清涟而不妖”简练而富有诗意的汉语表述出来，更是将莲在中国人的心目中提升到了崇高的地位，成了高洁、正直及清廉的典型象征。在不同场合下，莲还被赋予了吉祥、好运、美丽、情爱、多子、思念、高尚、富贵、繁荣、团结及忠诚等多种寓意。中国传统文化中，还将农历6月24日定为莲花生日，江西广昌还建有莲神庙。

我国历代与莲有关的诗词歌赋、散文小说、神话传说、典故、成语、俗语、谚语、谜语、歇后语、楹联、人名、地名、书画、摄影、剪纸、刺绣、服饰、插花、工艺品、道具、舞蹈、美食、药用方剂、习俗、雕塑、园林、建筑、宗教文化以及种植技艺等不可胜数。无论是外来的佛教，还是本土的道教和儒教，均与莲花有深刻的文化联系；无论是江南的私家园林还是北方的皇家园林中，无论是寺庙园林还是自然风景园林中，莲都是不可或缺的植物。从美学角度而言，莲（*N. nucifera*）给人的美感体验是综合性的，其花、果、叶可观赏，雨打荷叶可聆听，花叶芳香可嗅闻，莲子、莲藕、藕带、莲花及莲叶等可食用，荷叶茶、莲心茶、莲藕汁及莲子汁等可饮用，莲植株全身可入药，是典型的药食同源植物。

关于睡莲（*Nymphaea* spp.）的记载，晋·嵇含《南方草木状》："水莲，花之美者有水莲，如莲而茎紫，柔而无刺。"唐·段成式《酉阳杂俎·草篇》："南海有睡莲，夜则花低入水。屯田韦郎中从事南海，亲见。"但是，起源于中国的睡莲种类并不多，历史上的种植规模和范围也非常有限，远不如莲（*N. nucifera*）那样为我国古人所熟知。只是到了现代，通过引进，睡莲种质资源才逐渐丰富，种植范围变得更加普遍。或许可以解释，为什么与睡莲联系紧密的佛教传入我国后，我国广泛分布、大众熟悉的莲（*N. nucifera*）与佛教的联系变得更为紧密的原因所在。

二、国外"莲"的文化意蕴

莲文化具有世界性，除中国外，其他国家的莲文化也非常丰富。印度也是植物学莲（*N. nucifera*）起源地之一。印度首个莲化石记载，位于印控克什米尔的更新世（又称洪积世，地质时代第四纪的早期，延续时期自 1 200 万年前至 200 万～300 万年前），印度阿萨姆邦附近的始新世（大约开始于 5 780 万年前，终于 3 660 万年前）发现莲叶片和根状茎的印痕化石。

文化“莲”中的植物学莲和睡莲被视为印度文化遗产的象征，与印度神话、宗教、艺术、传统医药等关系密切。印度教和佛教的起源地均将莲花视为圣花。印度婆罗门教经典《吠陀》（*Veda*）第一部《梨俱吠陀》（*Rgveda*，约公元前 1200 年—前 1000 年），以及随后的《夜柔吠陀》（*Yajurveda*）和《阿达婆吠陀》（*Atharvaveda*）中，莲（*N. nucifera*）以 *Pundarika*（白莲花）名称出现。《阿达婆吠陀》中，莲花用以比作人的心脏。在印度传统医药中，莲（*N. nucifera*）大量用作退烧剂、止血剂、利尿剂、冷敷剂及祛痰剂。印度传统医学认为莲（*N. nucifera*）全株微苦，具有解热、调理乳房、驱虫、解渴解苦等功效，在缓解身体灼烧感及治疗痔疮、痛性尿淋漓、麻风病等方面效果明显。

通常，印度人将象征财富的女神拉克希米（Lakshmi）和象征智慧的女神萨拉斯瓦蒂（Saraswathi）与“莲”花相联系。在印度的许多宗教场合，特别是在 Basanti Puja、Durga Puja、Saraswati Puja 和 Lakshimi Puja 等传统节日期间，“莲”花均被用于献祭。印度人视“莲”为最富魅力的水生植物，在印度文化中，“莲”象征纯洁、美丽、庄严、优雅、繁殖力、财富、富足、学识及宁静，莲花（*N. nucifera*）甚至被定为印度国花。

印度史诗中，从毗湿奴（Vishnu）的肚脐里长出一朵“莲”花，上面坐着创造世界的梵天（Brahma），然后梵天开始创造人类。梵天、萨拉斯瓦蒂、拉克希米和其他的一些神都坐在“莲”花之上。“莲”花与佛教联系也十分紧密，传说佛祖释迦牟尼在出世后就能下地走路，走了七步，步步生“莲”，“莲”就成了佛祖诞生的象征。无论是印度教，还是佛教，在与“莲”花有关的绘画、雕塑及建筑中，“莲”花的形象常常较为抽象，或兼具植物学“莲”和植物学“睡莲”的特征，或时而为植物学“莲”，时而为植物学“睡莲”。在印度教和佛教传播到的地方，几乎都有植物学“莲”或

“睡莲”种植，或有明显的“莲”文化现象。这种现象，在泰国、老挝、柬埔寨、越南、缅甸、斯里兰卡、孟加拉国等东南亚国家及中国、日本和韩国均有体现。1838 年，印度移民开始进入圭亚那，一同传入圭亚那的还有印度移民的宗教信仰和生活习惯，其中就包括莲（*N. nucifera*）和睡莲（*Nymphaea* spp.）的引进与利用。非洲的毛里求斯也是印度裔移民为主的国家，估计该国莲的引进也与印度移民有关。

在现今佛教盛行的泰国，植物学“莲”（*N. nucifera*）和“睡莲”（*Nymphaea* spp.）均为礼佛用的主要花卉。泰国部分地区还将“莲”和“睡莲”的花、叶、茎的汁液用于天然印染。在缅甸的茵莱湖（Lake Inle）地区，用莲纤维手工纺织的布匹是国际市场上的高档布料。莲叶在亚洲地区广泛用作食品包装材料。

在公元前 3000 年～公元前 2500 年的埃及墓葬壁画中，有确切的睡莲形象，有人甚至考证出其中有的是埃及白睡莲（*Nymphaea lotus*），有的是埃及蓝睡莲（*Nymphaea caerulea*）；在埃及 Rameses Ⅱ（公元前 1500 年）及 AmenhotepⅠ的墓葬中则发现用埃及白睡莲和埃及蓝睡莲做的花环。古埃及已广泛种植睡莲，并在宗教庆典、丧葬仪式、社交活动、爱情表达等诸多场所应用，在当时的工艺装饰和工艺制品中也常以睡莲为图案。埃及神话中有专门的睡莲神（Nefertem），睡莲的开合被埃及人视为不可思议的生命力。而且，公元前的埃及人已在采食睡莲。至今，睡莲（*Nymphaea* spp.）的食用在东南亚及非洲较为普遍。

古希腊人也常以睡莲图案作为雕饰题材。睡莲科和睡莲属的拉丁名词根即来自希腊语“Νυμφαια”，即 nymph，意思是“居于山林水泽的仙女”，意思是睡莲花出淤泥而不染，宛若仙女。尽管建设英国皇家植物园“睡莲屋”的初衷是保存和展示亚马逊王莲，但其目前也种植并展示红、白、蓝等不同颜色的睡莲，为世界知名景点。克劳德·莫奈（Claude Monet，1840—1926）是法国最重要的画家之一，也是印象派代表人物和创始人之一，在其人生的后 30 年里，于巴黎吉维尼（Giverny）的莫奈花园种植睡莲，并以睡莲为主体创作了约 250 幅睡莲系列油画“Water Lilies”。睡莲系列油画作品不仅成了莫奈的代表作，举世闻名，而且也将睡莲在绘画中的名声提升到了无与伦比的高度，对增强大众认识睡莲也起到了巨大的作用。现今的欧洲、美洲、澳大利亚、新西兰、日本及韩国等地区，对植物学“莲”和“睡莲”均有大量栽培利用，主要用于水景园的植物配置。

在印第安人关于月亮战士（the Warrior of the Moon）和印第安姑娘之间的传说中，亚马逊王莲是“统治着所有水生植物生命的女王”（the plant that reigns as the queen of all aquatic plant life），亚马逊王莲的花朵就是印第安姑娘的化身，在月亮满月且晴朗无云的夜晚才能完全开放，展现出自身的华丽，也只有此时，这位印第安姑娘才能仔细端详她的爱人——月亮战士。

三、国花或市花“莲”

世界上，以“文化莲”为国花的国家及以“文化莲”为市花的城市较多。国花或市花地位的确定，对于“莲”文化与产业的发展具有极大的促进作用。以莲（*N. nucifera*）花为国花的国家有印度和越南，以睡莲为国花的国家有斯里兰卡、孟加拉国（睡莲的种类为延药睡莲、蓝睡莲，拉丁语学名 *Nymphaea nouchali*，异名 *Nymphaea stellata*）和埃及（睡莲的种类为埃及蓝睡莲，拉丁语学名 *Nymphaea caerulea*），以王莲（*Victoria amazonica*）为国花的国家为圭亚那。

在我国，以莲（*N. nucifera*）为市花或县花（一般称莲花或荷花）的地区包括江西省九江市和抚州市、山东省济南市和济宁市、河南省许昌市、湖北省洪湖市和孝感市、广西壮族自治区贵港市、广东省肇庆市和揭阳市、黑龙江省方正县、江苏省泗洪县、台湾省花莲县及澳门等。其中，黑龙江省方正县还以地方法规形式确定每年的 7 月 28 日为方正莲花节。

总之，受佛教和汉文化影响较大的国家或地区对植物学“莲”的认识和利用程度较高。我国以植物学“莲”为主，以植物学“睡莲”为辅，但植物学“睡莲”的应用范围逐渐增加；世界其他地区则多以植物学“睡莲”为主，以植物学“莲”为辅，而植物学“莲”的应用范围也在逐渐增加。

第三节　莲在我国花卉文化建设中的地位

一、植物莲在我国十大名花中的地位

在我国，一般将兰花、梅花、牡丹、菊花、月季、杜鹃、荷花、茶花、桂花及水仙等视为我国十大名花，其中“荷花”主要指莲（*N. nucifera*，有时也包括美洲黄莲）。十大名花均有较为丰富的文化意蕴，但各有不同。如果从不同层面进行比较，植物学“莲”（*N. nucifera*）具有独特的优势。

其一，从产业规模看，莲（*N. nucifera*）种植规模最大。据统计，我国仅莲藕和莲子栽培面积高达 40 万公顷，初级产品年产值 500 亿～600 亿元。近年来，花莲的种植规模也快速增加。莲的规模化产业为莲文化的发展奠定了基础。

其二，从食用和药用价值上看，莲（*N. nucifera*）的食用和药用价值最高。莲的可食用主产品为莲藕、莲子及藕带，均为我国传统农产品，也是特色农产品和国际市场上的优势农产品。不仅是居民喜爱的蔬菜副食品，还可以用作灾年救荒的粮食。此外，其叶片也可食用，或制作荷叶茶或用作食品包装材料。其花瓣也可食用。很多莲产区都有用莲产品制作的独特美食。从传统中医角度看，莲的各器官均可入药，具有良好的药用保健功能。

其三，从生态适应性看，莲（*N. nucifera*）是生态适应范围最广的花卉植物之一。在我国，北到黑龙江、内蒙古，东到浙江、江苏、山东、辽宁，南到海南、台湾，西到云南、西藏、新疆都有莲的自然分布或人工种植，遍布全国。在世界范围内分布也极为广泛，其引种分布的最北纬度为北纬 52°。

其四，从特征特性看，在十大名花中，莲（*N. nucifera*）的

叶片和花朵都是最大。莲叶片直径一般可达60～80厘米；莲花大小变化幅度大，单花直径小者仅数厘米，最大者约40厘米。莲花群体花期也是最长的花卉之一，如湖北省武汉地区的莲群体花期可达90～150天。

其五，从种植技术看，莲（*N. nucifera*）的种植技术相对简单。不论是一钵、一缸，还是一沟、一池、一田、一塘、一湖，只要有土壤，略施肥，水适量，栽上种藕，一般情况下植株都可以正常生长。

其六，从景观价值看，莲（*N. nucifera*）的景观时空性最强。无论藕莲、籽莲和花莲，均具有较高的观赏价值。在中国的传统文化中，不同生长发育阶段的莲都有观赏价值。从“小荷才露尖尖角”到“青荷盖绿水，芙蓉披红鲜”“藕田成片傍湖边，隐约花红点点连”“接天莲叶无穷碧，映日荷花别样红”，再到“秋阴不散霜飞晚，留得枯荷听雨声”或“留得残荷看夕阳”，不同的物候期有不同的文化意境。如前所述，莲是水景园布置中的核心植物，在我国的公园水景园植物配置中，莲通常是首选植物。而且，规模化经济栽培与景观价值结合得最为紧密。花莲是专门的观赏类型，在市区公园或专门的莲园内，大多以花莲为主开展文化活动，但藕莲和籽莲的规模化种植区，也为莲文化活动提供了最为广阔的景观时空。我国的许多莲文化活动实际上就是以藕莲或籽莲的规模化种植区为基础开展的。莲花、莲蓬、莲叶也是重要的插花材料。

其七，从环境改良价值看，莲（*N. nucifera*）的生态改良功能较强。在农村环境改良、湿地治理、老旧鱼塘改造、循环农业、种养结合、水体富营养化克服、水体净化等方面广泛应用。而且，通常情况下，可以将莲的经济价值和环境改良价值紧密结合。

其八，从与宗教的关系看，莲（*N. nucifera*）与宗教联系紧密，是佛教、道教及儒教共赏的花卉。其中，莲花与佛教的联系尤为紧密，在十大名花中表现尤为突出。

其九，从农作物节庆文化角度看，莲（*N. nucifera*）的节庆活动最多、范围最广。据统计，近30年来，我国以莲为主题的文化节庆活动，无论是举办的地域范围，还是届次数，均超过其他任何一种植物。

其十，从传统性文化意蕴角度看，莲（*N. nucifera*）是传统文化意蕴最为丰富的植物之一。在我国文化中，“出淤泥而不染，濯清涟而不妖”“出水芙蓉”“藕断丝连”“莲花（含睡莲）座”“步步莲花”“移步生莲”“舌灿莲花”“小荷才露尖尖角”“并头莲蒂”“莲年有余”（莲年有鱼、莲莲有鱼，意为“年年有余”）“多子多福”“莲花灯”“采莲船”等均体现出莲的文化意蕴，甚至已成为中华传统文化的构成因子。

在十大名花中，莲（*N. nucifera*）是将经济效益、生态效益、景观效益和文化效益结合得最为紧密和完美的植物。

二、近30年来以“文化莲”为主题的节庆活动

在我国，以“文化莲”为主题的节庆活动中，所涉及的植物种类主要是莲，这也是中国人最为熟悉的种类，因而也是必备种类。偶尔，也有少部分的美洲黄莲。另外，睡莲也逐渐成为以“文化莲”为主题的节庆活动中的重要植物种类，其显现度往往仅次于中国莲。至于王莲和芡实等，在节庆活动中多用于点缀。

目前，我国以“文化莲”为主题的节庆活动举办场所主要有5类，分别为：①人造公园：主要是城市公园和荷花庄园之类的场所，以种植花莲为主。几乎所有省会城市及其他大中城市都有设置城市公园莲文化体验区；荷花山庄之类的如广东三水荷花世界、山东青岛中华睡莲世界、江苏南京艺莲苑及重庆大足荷花山庄等。②自然湖泊：如湖北洪湖、湖南洞庭湖、宁夏沙湖、河北白洋淀、山东微山湖、黑龙江方正莲花湖、吉林查干湖及新疆博斯腾湖（睡莲为主）等，多为自然的野生“莲”，或有部分人工辅助栽植的莲品种。③生产产区：如武汉的江夏区和蔡甸区、湖南湘潭县、江苏

宝应县、广西柳江县及山西襄汾县等地的莲生产产区，主要种植藕莲和籽莲。④莲科研区：如国家种质武汉水生蔬菜资源圃、江西广昌莲花科技博览园等。⑤莲博物馆：如山东青岛莲花馆、海南博鳌莲花馆及江西石城莲花馆等。

据不完全统计，自1986年山东省济南市将荷花确定为市花并举办首次专业性荷花展览以来，截至2014年底，全国有31个省（直辖市、自治区及特别行政区）203个地点举办过1 006届次以“文化莲”为主题的节庆活动（表4-2）。其中，中国荷花协会主持举办的全国性荷花展就有28次。此外，北京市和成都市还分别举办过两届专门的睡莲节（Waterlily Festival）。在以农作物为主题，甚至以植物为主题的节庆活动中，从地点、届数和规模上看，莲都是无与伦比的。节庆活动的名称主要有荷花节、莲花节、荷花展、荷（莲）文化节、荷（莲）文化旅游节、莲藕节、白莲节、莲子节等。“莲”节庆活动的举办形式，大多以政府主导为主，但一些地方的企业参与程度也在逐渐加大。值得一提的是，有些学校也开始举办相关节庆活动。如，广西大学荷花节、华中科技大学青年园荷花节、南开大学“荷雅·夏色”荷花节等大学的荷花节，还有广州广雅中学莲花节和江苏苏州斜塘学校传统菱藕文化节等中小学举办的节庆活动。有些地方还开展网上活动，在荷花盛开的季节，举办网络荷花节，开展相关文化活动。许多地区虽然没有明确开展以“莲”为主题的节庆活动，但建设或保持有观莲赏莲的固定场所，如清华大学的荷塘，因朱自清先生（1898—1948）的著名散文《荷塘月色》，而成了一处知名的文化景点。

在国外，富有中华文化特色的荷花节（Lotus Festival）则以美国洛杉矶举办次数最多，截至2014年，已经举办过34届。日本、韩国、泰国等也举办过多次以“莲”为主题的节庆活动。国际睡莲和水景园协会连续数年举办的睡莲、荷花品种展览与评比也属于这一类活动。

表 4-2 1986—2014 年中国举办的以“文化莲”为主题的节庆活动届次数

序号	省（直辖市、自治区及特区）	地点数（个）	届次数（次）	序号	省（直辖市、自治区及特区）	地点数（个）	届次数（次）
1	江苏	19	138	17	广西	7	19
2	山东	19	101	18	湖南	7	19
3	广东	10	89	19	山西	7	19
4	北京	10	87	20	重庆	7	17
5	四川	20	82	21	新疆	2	17
6	浙江	13	66	22	陕西	6	15
7	河南	10	41	23	贵州	5	15
8	河北	6	32	24	澳门	1	14
9	湖北	9	30	25	福建	3	11
10	安徽	7	28	26	吉林	1	7
11	黑龙江	3	28	27	甘肃	2	5
12	云南	6	27	28	宁夏	2	4
13	台湾	2	26	29	天津	2	3
14	上海	5	23	30	海南	1	1
15	辽宁	4	21	31	内蒙古	1	1
16	江西	6	20				
合计		地点数（个）：203			届次数（次）：1 006		

“莲”节庆活动为发掘、继承、发扬和传播“莲”文化，促进地方文化建设，促进地方生态文明建设，以及促进地方经济建设起

到了良好的平台作用。

三、有关“莲”文化研究开发的建议

（一）加强莲文化从业人员素质培养与提高

目前，在我国各莲文化体验区，相关从业人员对莲科技与文化方面的知识比较欠缺，未能将莲科技与莲文化进行有效的结合。因此，应继续加强莲文化从业人员素质的培养与提高，做到莲文化与莲科技更完美的结合。

（二）进一步做好“莲”产业研究与开发

我国莲文化之所以比较发达，莲产业的发达是重要原因之一。莲产业开发对象，除了以植物学“莲”为主以外，应该包括睡莲、王莲、芡实等。如前所述，植物学“莲”是将经济效益、生态效益和文化效益结合得最为紧密的植物之一，其产业的发展对莲文化也有着重大的促进作用。产业研究开发领域主要包括新品种选育与良种繁育、栽培技术、农产品开发利用、生态改良利用、景观利用以及药用保健利用等方面。

（三）进一步做好“莲”文化资源发掘整理及研究开发

在诗词歌赋、散文小说、俗语、谚语、谜语、歇后语、成语、楹联、神话传说、历史典故、建筑雕塑、工艺制品、服装道具、特色美食、摄影书画、歌舞戏曲、地方民俗、宗教文化等载体中所体现的莲文化资源材料都非常丰富，浩如烟海，有必要进行专项发掘整理与研究。

（四）进一步打造或完善适宜大众参与的“莲”文化体验区

莲文化的持续健康发展，离不开大众的参与和体验，打造或完善大众化的莲文化体验区显得尤为重要。由于莲文化体验期集中在6～9月，只有3个月，一些莲文化体验区在基础性配套设施建设方面显得比较短视，不尽完善。良好的体验区，应有良好的配套设施，如道路、桥梁、停车场、商店、餐饮、厕所、遮荫乘凉休憩点、游客服务中心以及指示牌、互联网、宣传介绍和展示设施等。莲文化体验区尤其要特别考虑到体验季节的高温强日照特点和体验区水多水深的特点。

（五）进一步丰富“莲”文化体验的形式和内容

对于莲文化体验，应从形式和内容上充实，与莲有关的文化体验活动可以有很多种，如莲采摘采挖体验、莲美食烹饪与品尝、莲摄影书画及莲诗词歌赋楹联比赛、莲歌舞表演、莲插花与剪纸、莲品种与莲产品展示评比、莲花赏美、莲知识讲座与竞赛、莲科普实验与实践、莲花仙子评选、莲工艺品制作、莲水景园小品制作评比等。

参考文献

黄国振．1982. 荷花的开花生物学及人工杂交技术探讨［J］．园艺学报，9（2）：51-56.

黄国振，邓慧勤，李祖修，李钢．2009. 睡莲［M］．北京：中国林业出版社：5-10.

柯卫东，刘义满，黄新芳．2014. 水生蔬菜安全生产技术指南［M］．北京：中国农业出版社：4-6.

刘义满．2017. 水生蔬菜答农民问（1）：哪些地区能种植莲藕?［J］．长江蔬菜（3）：46-47.

刘义满．2017. 水深蔬菜答农民问（2）：什么样的田块能种植莲藕?［J］．长江蔬菜（7）：46-47.

刘义满．2017. 水深蔬菜答农民问（3）：保障莲藕高产的原则是什么?［J］．长江蔬菜（11）：48-49.

刘义满．2017. 水生蔬菜答农民问（4）：莲藕有哪些主要病虫害? 如何防治?［J］．长江蔬菜（13）：48-50.

刘义满．2017. 水生蔬菜答农民问（5）：莲藕定植后，为什么迟迟不“发棵”?［J］．长江蔬菜（15）：48-50.

刘义满．2017. 水生蔬菜答农民问（6）：莲藕叶片为什么发黄了?［J］．长江蔬菜（17）：42-44.

刘义满，魏玉翔．2017. 水生蔬菜答农民问（7-1）：春季莲藕定植后，为何会出现“先期结藕”?［J］．长江蔬菜（21）：45-48.

刘义满，魏玉翔．2017. 水生蔬菜答农民问（7-2）：春季莲藕定植后，为何会出现“先期结藕”?［J］．长江蔬菜（23）：49-51.

刘义满，魏玉翔．2018. 水生蔬菜答农民问（8）：莲藕田怎样施用有机肥?［J］．长江蔬菜（1）：41-45.

刘义满，魏玉翔．2018. 水生蔬菜答农民问（9）：适宜莲藕栽培的设施有哪些?［J］．长江蔬菜（3）：38-40.

刘义满，魏玉翔．2018. 水生蔬菜答农民问（10）：莲藕栽培中常用农机有哪些？[J]．长江蔬菜（7）：43-46.

刘义满．2018. 水生蔬菜答农民问（11）：适宜莲藕栽培的模式主要有哪些？[J]．长江蔬菜（9）：45-49.

刘义满．2018. 水生蔬菜答农民问（12）：莲藕种植规程中需要几年更换一次种藕？[J]．长江蔬菜（11）：47-52.

刘义满，魏玉翔．2018. 水生蔬菜答农民问（13）：常见籽莲品种有哪些？如何提高籽莲种植效益？[J]．长江蔬菜（13）：52-54.

刘义满，魏玉翔．2018. 水生蔬菜答农民问（14）：籽莲为什么会出现死花死蕾和空壳莲子？[J]．长江蔬菜（15）：46-53.

刘义满，魏玉翔．2018. 水生蔬菜答农民问（15）：如何种植藕带？[J]．长江蔬菜（17）：54-57.

刘义满，吴小红，敖元秀，等．2020. 水生蔬菜答农民问（15）：如何识别莲藕除草剂为害症状？[J]．长江蔬菜（15）：49-53.

刘义满，魏玉翔．2019. 水生蔬菜答农民问（26）：哪些地区适宜芡实栽培？芡实有哪些种类？[J]．长江蔬菜（15）：45-49.

刘义满，魏玉翔．2019. 水生蔬菜答农民问（27）：芡实主要栽培模式有哪些？[J]．长江蔬菜（17）：41-44.

刘义满，魏玉翔．2019. 水生蔬菜答农民问（27）：怎样种植芡实？[J]．长江蔬菜（19）：49-54.

刘义满．2019. 莲文化概述//中国园艺学会水生蔬菜分会．第十届全国水生蔬菜学术及产业化研讨会论文集［C］．合肥：中国园艺学会水生蔬菜分会：217-228.

刘义满，柯卫东，孙治平，邱正明．2007. 印度水生蔬菜生产及利用概况［J]. 中国蔬菜（增刊）：98-103.

刘义满，Slearlarp Wasuwat，柯卫东，Primlrp Wasuwat Chukiatman，彭静，叶元英，林处发．2009. 泰国睡莲考察报告［J］．中国园艺文摘（3）：120-124.

魏玉翔，刘义满．2019. 水生蔬菜答农民问（24）：菜用睡莲是一种什么蔬菜？[J]．长江蔬菜（11）：45-48

魏玉翔，刘义满．2019. 水生蔬菜答农民问（25）：菜用睡莲栽培技术要点有哪些？[J]．长江蔬菜（13）：52-56.

王希庆．1956. 莲的营养体形态和芽的结构初步研究［J］．植物学报，5（4）：

425-438.

叶奕佐，谭正淮. 1983. 建莲开花结实习性的初步观察［J］. 武汉植物学研究，1（2）：307-312.

Masuda J I，Urakawa T，Ozaki Y，Okubo H. 2006. Short Photoperiod Induces Dormancy in Lotus（*Nelumbo nucifera*）［J］. Annals of Botany，97：39-45.

AKhom Khatfan，Zuo Li，LongQing Chen，Nopadol Riablershirun，Vithaya Sathornviriyapong，Niran Juntawong. 2014. Pollen Viability，Germination，and Seed Setting of *Nelumbo nucifera*［J］. Science Asia，40：384-392. doi：10. 2306/scienceasia1513-1874. 2014. 40. 384.

Henry S. Conard. 1905. The Waterliles-A Monograph of the Genus Nymphaea［M］. Washinton：The Carnegie Institution of Washington.

图书在版编目（CIP）数据

食用莲栽培与莲文化 / 刘义满主编 .—北京 ：中国农业出版社，2022.6
ISBN 978-7-109-29531-5

Ⅰ.①食…　Ⅱ.①刘…　Ⅲ.①莲－观赏园艺②莲－文化－中国　Ⅳ.①S682.32

中国版本图书馆 CIP 数据核字（2022）第 094576 号

中国农业出版社出版
地址：北京市朝阳区麦子店街 18 号楼
邮编：100125
责任编辑：郭银巧　杨天桥　　文字编辑：李　莉
版式设计：王　晨　　责任校对：吴丽婷
印刷：中农印务有限公司
版次：2022 年 6 月第 1 版
印次：2022 年 6 月北京第 1 次印刷
发行：新华书店北京发行所
开本：880mm×1230mm　1/32
印张：4.25
字数：120 千字
定价：25.00 元